LOCUS

mark

這個系列標記的是一些人、一些事件與活動。

mark 148
被蜜蜂拯救的女孩：
失落、勇氣，以及外公家的蜂蜜巴士
作者：梅若蒂・梅依（Meredith May）
譯者：謝佩妏
責任編輯：潘乃慧
封面設計：朱疋
校對：呂佳真
出版者：大塊文化出版股份有限公司
www.locuspublishing.com
台北市10550南京東路四段25號11樓
讀者服務專線：0800-006689
TEL：(02) 87123898　FAX：(02)87123897
郵撥帳號：18955675
戶名：大塊文化出版股份有限公司
法律顧問：董安丹律師、顧慕堯律師

總經銷：大和書報圖書股份有限公司
地址：新北市新莊區五工五路2號
TEL：(02) 89902588　FAX：(02) 22901658

初版一刷：2019年8月
定價：新台幣380元
Printed in Taiwan

THE HONEY BUS

被蜜蜂拯救的女孩

失落、勇氣，以及外公家的蜂蜜巴士

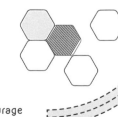

Meredith May
梅若蒂・梅依　著
謝佩妏 譯

A Memoir of Loss, Courage and a Girl Saved by Bees

推薦文一

將成長的痛變成蜜糖，你自己就可以

羅怡君

許多重要的事情產生變化時，幾乎沒人有辦法察覺，像是空氣中的一股惡臭無聲無息蔓延擴散，氣味撲面而來時只能靜候飄散，或者習慣麻木而不覺其味，當然可以的話最好逃離現場；這三種選項拿來比對書中主角梅若蒂的人生，簡直適當得令人心酸。

比如說父母感情的變化，何時開始出現的裂縫已不可考，梅若蒂和弟弟馬修只能迅速接下這個殺傷力極強的變化球；比如說學校裡人際關係的挪移，看似一夕風雲變色的板塊，事實上早已醞釀多時……

一個家的崩壞，就如海嘯般不分好壞地清掃每天的日子，梅若蒂跟隨著放棄母職、足不出戶的母親逃回外婆家，缺乏資源與時間的外婆，只能用最低限度的方式照看這對姊弟；情況愈變愈壞，父親再娶的打擊讓母親情緒失控，家暴的隱性威脅正式浮出檯面，而逐漸長大的梅若蒂，也意外發現母親驚人的童年歷程。

在讀《被蜜蜂拯救的女孩》時，我不只一次希望這是一位文采洋溢的作家編寫的成長小說，然而主角名字每出現一次就不斷提醒我，和作者同名並非刻意巧合，梅若蒂的真實人生正如蜂螫帶來的疼痛一般凶狠難忘；開場的序裡記錄她小時候忍受蜜蜂叮咬的過程，外公曾不解地問她：「為什麼不大聲叫我？」

當下的梅若蒂也不知道為什麼，但透過「長大後的梅若蒂」追溯這段回憶，才有機會剝下層層意識，爬梳自己內心，重新理解當時感到恐懼的小女孩，因為瞭解蜜蜂為了保護蜂后、擔心家園被摧毀的攻擊行為，與她對「完整的家」的渴望竟如此一致，難以用言語解釋的同理感，讓蜂螫像是一種印記般，證明她也和蜜蜂一樣：需要媽媽（蜂后）的存在！

我們正是這樣隨著梅若蒂，從五歲時家庭嚴重失和的記憶，開始回溯之旅，跟著小梅若蒂一同經歷重大的轉折變化與失落不解，也跟著大梅若蒂的文筆暫時抽身，回頭循著長大後才知道的脈絡線索，陪著她重新釐清、詮釋發生在自己身上的事。

國外眾多研究已確信，童年時期長期的逆境經驗，若是遠超過孩子能理解的範圍，就會對大腦發展產生「毒性壓力」。這種壓力讓孩子經常處於高度警戒的狀態，像是隨意就啟動警報系統一樣，對周遭環境與人高度敏感，「非戰即逃」的反應機制，讓孩子判斷失準、行為失常，處處對人提防抗拒。

可是梅若蒂沒有，她是怎麼做到的呢？幸好有蜜蜂和外公，像連結戲偶的細細棉線，把梅若蒂撐了起來。

身為養蜂人的「繼」外公，將無處可躲的她帶在身邊，引領她與大自然相遇；蜂群看似混亂卻極有秩序的世界，重建梅若蒂的安全感，隨著外公更深入理解蜂群的運作，也對自身生命的無常與變化有了新的體悟，例如：蜂后的死亡與誕生、如何保護蜂巢運作、如何另闢新地重啟家園、偵察蜂為什麼會跳舞……即使生活中不斷有「意外」考驗梅若蒂，她也能一再回到「蜂群思維」裡，用獨特的邏輯搭建心靈的避難所，逐漸成為一位有能力保護自己的人。

這正是生命最動容之處。事實上，蜜蜂對人類存亡有著關鍵性影響，直到近年來數量銳減，才因生態失衡引起關注；平常不起眼的生命背後，竟有著如此驚人的運作系統，外公傳授梅若蒂有關蜂群的知識，都一一成為轉換痛苦的暗喻啟示；梅若蒂與蜂群的互動，暗喻著人類與大自然並非我們認知的供需關係而已，只要願意與萬物連結，大地之母隨時都準備給予。

毫無血緣關係的養蜂人外公，因為陪伴而成為梅若蒂與蜂群的橋梁，與其說是無私的愛拯救了她，我更認為梅若蒂的「自我覺察」才是真正關鍵。最重要的是，外公透過蜂群的生命週期，也不斷地鼓勵梅若蒂，看向遠方未來的自己，為總有一天到來的長大做準備，像蜜蜂一樣不斷練習，然後勇敢離開。

離開是為了什麼呢？當我讀到梅若蒂寫的：「就在那個時候，我決定了自己不再是她的小孩。這個念頭一浮現，一道溫暖的光線就穿破黑暗，直抵海底，溫暖了我的全身肌膚。我自由了。她想怎麼對我都無所謂了。我屬於我自己，再也不屬於她了。如釋重負的感覺像繭一樣把我包圍，我再也不需要因為她是我媽就一定要愛她。」離家的意義與目的，不僅是保護自己，而是真實地感受自己成為一個獨立個體，從那時開始，一步步遠離原生家庭帶給我們的影響。

我們常在一項習慣、一個小動作、一種熟悉氣味、一句常說的話裡被過去成長的痛苦回憶偷襲，然而成長裡沒有白受的苦，沒有白走的路，誠如梅若蒂所言：「我可以像媽媽一樣，繼續用自己欠缺的一切來定義我的人生，也可以因為自己奇蹟般獲得了拯救而心懷感激。外公和他的蜜蜂指引我度過失去父母的童年，給了我安全的避風港，也教我怎麼成為一個好人。」梅若蒂長大後，用書寫接手撐住自己的力量，成為自己想依靠的那種大人，甚至最後不負臨終外公的託付，延續大自然與人類繼續修復的關係。

《被蜜蜂拯救的女孩》一點也不想遮掩成長的傷痛或美化難被諒解的親子關係，梅若蒂就像是人類中的蜂群代表，這本回憶錄向我們示範的是：如何將痛苦化為蜜糖的人生祕笈，身為大自然的孩子，我們自己也能做到。

（親職溝通作家、《愛，我的內向小孩》等書作者）

推薦文二

探索蜜蜂，探索人生——傳承、初心與平衡

蔡明憲

還記得自己剛接觸蜜蜂的那一年，某個週末的下午，一個人在學校的養蜂場掃地，低頭看見蜜蜂後腳攜帶花粉團，搖搖擺擺地從外頭爬回巢的可愛模樣，那一份對蜜蜂的喜愛，從此深深地刻在我的腦海裡，二十年來不曾忘記。

從事養蜂教學的第一年，學期末最後一堂課，我的一位學生是爸爸，帶著兒子一同到養蜂場上課。當這位爸爸引領孩子觀察蜜蜂時，我可以感受到親子關係的緊密。多數的家長愛子心切，很害怕孩子受傷，這位爸爸卻帶著孩子觀察蜜蜂，教孩子如何與蜜蜂互動。因為這件事情，小朋友會知道爸爸曾經喜歡蜜蜂；而爸爸因為帶了孩子來，這個孩子將來不會因為看到蜜蜂就輕易打電話請人摘除、撲滅蜜蜂。透過我們精心設計的教材、教案，不但保護了蜜蜂，讓牠們有更多被延續下去的可能性，也讓親子關係有了建立的媒介。

這本書中描述的是一位五歲的小女孩，在父母離異後，父親缺席，母親放棄了自己的角色，是如何在破碎的家庭中，透過外公的陪伴接近蜜蜂，從蜜蜂身上重獲生命力量的故事。看了這本書，也讓我想起了上述親身經歷的兩件事。作者一開始對蜜蜂的反應，就像多數不瞭解蜜蜂的人一樣感到害怕，但在外公的帶領下，不但翻轉了過去對蜜蜂的刻板印象，甚至感受到微小如豆的蜜蜂，有著豐沛的生命脈動。事實上，我們在從事蜜蜂生態教育的過程中，最能感受到體驗教育帶來的改變，只要我們願意接近蜜蜂，就會發現原來害怕多半是來自於我們對牠們的不瞭解，或是用了錯誤的方式對待牠們，造成牠們的反撲。刻板印象是根深柢固的，有時候會把個案當成通案，甚至放大我們的恐懼，但即使蜜蜂會螫人，我們也應該學習用正確的方式去面對牠們。教育可以使人以適當的方式面對問題，如同刀子固然會傷人，卻也是有利的工具，瞭解蜜蜂的習性，就能夠與牠們和平共處。

作者小時候跟家人的關係非常壓抑且緊張，但不論在家庭、在學校產生了多少衝突與不安，每次作者只要在外公身邊接近蜜蜂之後，就會感到平靜且重新獲得能量、重新相信愛與包容。從心理學的角度，當一個人將精力完全投注在喜愛的事物、專注當下，就會產生渾然忘我的心流經驗（flow experiences），人的行動與意識會緊密結合，忘記時間的流逝，感覺不到外在的紛擾，當目標完成後會感到滿足與成就感，對於充滿壓力的人來說，迅速將注意力收回到當下，還能紓壓放鬆，提升幸福感。我們的教學經驗中，也常常從學生跟蜜蜂的相處得到類似的回饋。書中那位滿是傷痕的小女孩，因為跟蜜蜂相處和外公的關愛而得到救贖，外公也因為兩位孩子的出現，有了更充沛的生命力。作者深刻地探索人生、探索蜜蜂，尋找人生的出口，從蜜蜂的生態行為中找到人生的啟示，人和蜜蜂一樣是緊密地生活著，在互相幫助中獲得力量。我們照顧蜜蜂，蜜蜂也照顧我們；這份照顧不只是蜜蜂與其他生物之間的相互依存，也有著作者與外公之間的愛，以及他們對蜜蜂的愛。

書中還提到了這幾年蜜蜂的處境，反思歐美國家大規模商業化的蜜蜂養殖方式帶來的警訊。我們太在意把蜂蜜當成商品，追求產量，把蜂產品的產值當成蜜蜂的唯一價值，卻忽略了蜜蜂牽動著整個生態體系，以及蜜蜂在自然環境中與其他生物之間複雜的交互關係。每個人對待生物都有其選擇的方式，而作者的外公選擇了不想商業養蜂，只想善待蜜蜂，值得我們深思養蜂人和自然之間的平衡，以及面對原始飼放養與市場消費需求的矛盾。

事實上，從業餘愛好者到大規模的商業養蜂，蜂箱數量從十箱、百箱到上千箱，這中間有許多不同的規模與層次，有些人選擇自然放養，不計較產量多寡，有些人選擇過度壓榨，予取予求；有人只養一箱蜂群，卻覬覦蜂蜜產量而不當使用藥物，也有職業養蜂人懂得善待土地、善待蜜蜂。我們很難一刀切下去、立判原始放養與職業養蜂的是非對錯；大自然是公平的，重點是每個人在接觸其他生物的時候，是否能不忘初心、判斷自己的用心。

蜂群處在一種微妙的平衡狀態，這樣的平衡就像蜜蜂與其他生物之間的關係，投射到人類的社會，就如同人與人之間的相互瞭解和珍惜。書中傳遞的另一個訊息，是透過蜜蜂重新看待我們所處的環境；不僅僅在教導蜜蜂知識、認識生態與環境的重要性，也藉由蜜蜂數量的減少來提醒人類，蜜蜂對於農作物生產占有舉足輕重的地位。如今，自然環境的破壞、蜜粉源植物的缺乏、化學農藥的過度使用、病蟲害的肆虐，在二十世紀末、二十一世紀初愈來愈嚴重，甚至影響整個生態系的平衡，這些成因都跟人類如何使用這片土地息息相關。我們對於農產品的大量需求，就如同對蜂蜜產量的渴望，在這樣的衝突中，透過作者，我們可以看到一位養蜂人是如何將自然的法則懷抱於心，視之為恩賜，充分展現了人類的尊嚴。無論是人類的物欲，抑或自然的純粹，在作者與外公的心裡，蜜蜂與人跟自然之間，充滿了規律、精巧與和諧，而蜜蜂一代又一代地不斷繁衍，就像外公把對蜜蜂的愛與知識傳承給了他的孫女，希望透過這本書，也能把這份愛傳遞給每一個人。

（城市養蜂Urban Beekeeping創辦人、臺北市產發局社區園圃推廣中心顧問、社大養蜂計畫發起人、養蜂課程講師）

「蜜蜂就是這樣工作的。藉由自然的規律，這種生物為人類王國示範了秩序的藝術境界。」

——莎士比亞，《亨利五世》

目錄

獻給我的外公法蘭克林・皮斯（一九二六－二〇一五年）

序　連蜜蜂都需要媽媽　一九八〇年

要是蜂后死了，工蜂會發了瘋地飛遍整個蜂巢，尋找牠的蹤影。

電話一響，就表示蜂擁季節到了。每到春天，家裡那部紅色轉盤電話就會活過來，不停有人打電話來求救，說家中牆壁、屋頂或樹上聚集了成群的蜜蜂。

我正要在玉米麵包上淋上外公的蜂蜜，他就從廚房走出來，臉上一抹賊賊的笑，那表示早餐又得放到涼掉了。我才十歲，卻已經跟著外公到處捕蜂大半輩子，所以知道接下來該怎麼做。只見他一口喝掉咖啡，用手背擦擦鬍子。

「又發現了一個。」他說。

這次打電話來的是卡梅谷路上約一哩外的私人網球場。我爬上外公的破舊小貨車，坐進副駕駛座，他輕踩油門哄它醒來。最後車子終於發動，吱一聲開出車道，揚起一片砂礫。

外公不管速限往前直衝，這條路我們常走，所以我知道速限才二十五哩。但我們得盡快趕到現場捕捉蜜蜂，免得牠們改變主意，飛到其他地方。

外公把貨車斜斜開進網球場，在牛欄前猛然停住，肩膀歪向卡住的車門，咕噥一聲把門推開。一下車，我們就看到蜜蜂組成的迷你龍捲風，轟嗡嗡像空中的一抹墨跡，有如鳥群飛到東又飛到西。我的心跟著牠們狂跳，又害怕又讚嘆，空氣彷彿跟著蜂群一起脈動。

「牠們為什麼這樣？」我在嗡嗡聲中大喊。

外公單腳跪地，湊進我耳邊。

「蜂巢裡面太擠，蜂后飛走了。」外公對我解釋：「其他蜜蜂跟著牠飛出去，因為沒有蜂后，蜜蜂就活不下去，蜂窩裡就只有蜂后會產卵。」

我點點頭，表示我懂。

蜂群此刻聚集在一棵七葉樹附近。每隔幾秒就會有三、五隻蜜蜂從蜂群裡疾飛而出，消失在葉叢中。我走上前，抬頭看見蜜蜂在樹枝上漸漸聚合成柳丁大小的圓球。愈來愈多蜜蜂飛過來，眼下已大到像一顆籃球，如心臟般陣陣搏動。

「蜂后在那裡，」外公說：「那些蜜蜂在保護牠。」

最後幾隻蜜蜂也飛過去之後，空氣再度歸於平靜。

「妳去貨車旁邊等我。」外公小聲對我說。

我靠在車前的保險桿上，看著外公爬上摺疊梯，跟那群蜜蜂面對面。他舉起鋼鋸來回鋸著樹枝時，好多隻蜜蜂爬到他赤裸的手臂上。就在這個節骨眼，網球場的管理員剛好啟動除草機，嚇得蜂群又飛回空中。蜜蜂的嗡嗡聲愈來愈尖銳，蜂群聚集成比剛剛更緊密的球狀，翅膀也拍得更快。

「搞什麼鬼！」我聽見外公罵了一句。

他對著那名管理員大喊，除草機轟隆隆停了下來。外公等著蜂群重新飛回樹上時，我感覺有東西爬到我的頭皮上。我舉手去摸，摸到毛毛的東西，發現細小的肢翼在拍打我的頭髮。我甩甩頭趕走蜜蜂，牠卻反而愈纏愈緊，慌了手腳，嗡嗡聲變得跟牙醫的電鑽一樣刺耳。我知道這下慘了，於是深呼吸，準備面對接下來的後果。

蜜蜂把螫針刺進我的皮膚的那一刻，灼痛感從頭皮直竄到臼齒，我反射性地咬住牙，著急地伸手去摸頭，發現又有一隻蜜蜂飛進頭髮裡，接著又飛來一隻，我差點放聲尖叫，體內的警鈴大作，從胸腔後面往外擴散。多到我數不清的毛茸茸蜜蜂組成的小分隊正在奮力掙扎，驚惶失措的程度不亞於我。

接著傳來香蕉的味道，那是蜜蜂尋求後援時釋放的味道，我知道自己成了攻擊的目標。先是髮際線一陣刺痛，接著耳後也被螫了一下。我雙腿一軟，跪在地上。我要昏倒了，或者只是在祈禱？我好怕自己會死掉。不久，外公就雙手捧著我的頭。

「別動。」他說：「這裡大概還有五根刺。我先把刺弄出來，但妳可能還會被螫。」

又一隻蜜蜂飛來螫我。每刺一次，痛的感覺就更明顯，最後我的頭皮像要燒起來一樣，但我抓著貨車輪胎奮力撐住。

「還有多少？」我輕聲問。

「只剩一根。」外公說。

刺全部拔出來之後，外公把我抱進懷裡。我把快要爆炸的頭放在他的胸前——撇了一輩子重達五十磅的蜂箱，外公全身都是肌肉，手指長滿了繭。他輕輕把手放在我的脖子上。

「喉嚨有沒有緊緊的？」

我大力吸氣、吐氣，嘴巴有種奇怪的刺痛感。

「為什麼不大聲叫我？」他問。

我沒有答案，自己也不知道為什麼。

我雙腿直抖，只能讓外公把我抱回車上。以前我也被蜜蜂螫過，但一次被這麼多隻攻擊卻是頭一回。外公擔心我會休克，他說如果我的臉腫起來，就可能需要去掛急診。他要我在車上等他把樹枝鋸下來，還囑咐我要是覺得呼吸困難就按喇叭。當他把蜜蜂放進白色木箱、再搬上車斗時，我伸手摸頭皮上發熱的腫塊，感覺緊緊硬硬的，還變大了。我擔心再過不久，我就會腫得像豬頭。

外公趕緊回到車上發動引擎。

「等我一下。」他說，捧著我的頭，摸摸我的頭皮。我痛得縮起來，覺得他在用大理石磨我的頭。

「漏掉一根。」他說，用髒兮兮的指甲刮過我的頭皮，把螫針拿掉。外公每次都說，用拇指和食指把刺擠出來是最糟糕的方法，這樣反而會把毒液擠進體內。他攤開手，讓我看那根螫針，上面還留著針頭大小的毒液囊。

「它還在動。」外公說，指著還在收縮並打出毒液、沒發現自己已經無所作用的白色器官。那畫面很噁心，讓我想起頭被斬了卻還在跑的小雞。我鼻頭一皺。外公把它丟出窗外，轉頭用滿意的表情看著我，好像我剛剛給他看了全科都是A的成績單。

「妳很勇敢，都沒驚惶失措。」

我的心在翻騰，為自己被蜜蜂螫了也沒像小女生一樣哇哇大哭而自豪。

回到家之後，外公把蜂箱跟後院原本就有的六個蜂箱放在一起。這窩蜜蜂是我們的了，很快就會在新家安頓下來。現在就有蜜蜂從箱口飛出去，繞著圈圈飛，探索著新環境並記下新的路標。再過幾天，牠們就會開始製造蜂蜜。

看著外公把糖水倒進玻璃罐給蜜蜂喝，我想起他剛剛說的話。蜜蜂跟著蜂后飛走，因為牠們沒有牠活不下去。連蜜蜂都需要媽媽。

網球場的蜂群攻擊我是因為蜂后飛離了蜂巢，牠們害怕蜂后受到傷害，擔心到要發瘋，於是撲向最近的一個目標——也就是我。

也許這就是我沒放聲尖叫的原因。因為我懂。蜜蜂的行為有時就跟人一樣，牠們也有感覺，也會害怕。只要你靜靜觀察牠們移動的方式，看牠們是輕柔如水流地翩翩飛舞，還是在蜂巢裡亂竄，全身都癢似的抖個不停，就會發現這點。蜜蜂需要家庭的溫暖，落了單的蜜蜂可能撐不到天亮就孤單而死。要是蜂后死了，工蜂會發了瘋似的飛遍整個蜂巢，尋找牠的蹤影。接著，蜂窩逐漸萎縮，蜜蜂失去活力，無精打采地在蜂巢裡閒晃，不去採集花蜜，成天無所事事直到生命流逝。

那種對家的強烈渴求，我懂。前一天還在，一夕之間就消失無蹤。

我父母在我快滿五歲那年離婚。突然間，我們就到了美國的另一岸加州，我跟媽媽和弟弟住進外公外婆的小房子，三人擠一個房間。我母親躲進被窩，陷入長期的憂鬱，我父親再也沒被提起過。在往後的寂靜歲月中，我努力要理解發生了什麼事。我對人生的疑問愈來愈多，開始擔心誰會來為我解釋這一切。

後來，我開始跟著外公到處跑，一早就爬上他的小貨車，跟他一起去工作，從此展開了我在大蘇爾養蜂場的「戶外教學」。在那裡我學到，蜂巢都圍繞著一個中心打轉，那就是家庭。外公教我蜜蜂的神祕語言、蜜蜂的動作和聲音，還有牠們用來跟同伴溝通的各種氣味。他還告訴我蜜蜂會想辦法推翻王后，打破勞動階級，這些有如莎士比亞劇本的情節就像一個祕密天地，讓我在自己的世界喘不過氣時，有了另一個出口。

漸漸地，藉由深入蜜蜂的內在世界，我更加能夠理解人類的外在世界。母親陷入愈來愈深的絕望，我跟大自然的關係卻愈來愈深厚。我學會蜜蜂是怎麼互相照顧、辛勤工作，怎麼廣納意見決定去哪裡覓食、何時要分封（編按：蜂群繁衍的機制，是一種分封領地的概念），還有怎麼規畫未來，甚至連蜜蜂螫人都讓我學會勇敢。

我一頭栽進了蜜蜂的世界，因為我發現蜂巢內含的古老智慧，能傳授給我父母無法教我的東西。從蜜蜂這種已經在地球上存活一億年的生物身上，我學會了鍥而不捨的力量。

1 她在三萬呎的高空放棄了母親身分

一九七五年二月

我輕輕哼著〈黃色潛水艇〉，想趕走那個聲音。

我沒看到是誰丟的。

胡椒罐就這麼飛過餐桌，在空中翻了好幾圈，砰一聲摔在廚房地板上，黑胡椒劈哩啪啦撒落一地。不是我媽想殺了我爸，就是我爸想殺了我媽。要不是沒瞄準，真有可能出人命，因為那是深色木頭做的厚重研磨器，比我的半隻手臂還長。

要我猜的話，應該是我媽。她再也受不了相對兩無言的婚姻，所以抓到什麼就丟，想引起爸的注意。她扯下窗簾，摔盤子，把馬修的寶寶積木丟向牆壁，要讓我們知道她不是鬧著玩的。那是她拒絕變成隱形人的方法，而且她成功了。我學會背對著牆，隨時注意她的一舉一動。

今晚，壓抑已久的怒火終於爆發。她激動到雪白的肌膚都變粉紅。熟悉的恐懼湧現，我屏住呼吸，兩眼盯著鍋子和擀麵棍上的一圈圈花紋，好怕稍微發出一點聲音，爸媽之間隱形的熾烈光束就會轉向我，將五歲的我化為一團煙霧。我感覺到暴風雨前的寧靜。東西暫停在半空中，片刻後就會像車禍現場撞得稀巴爛。沒人移動，連我那坐在兒童座椅上扒著穀片的兩歲弟弟都暫時定格。爸爸平靜地放下叉子，問媽媽要不要去把東西撿起來。

媽媽把餐巾紙丟在碰都沒碰的晚餐上。今天我們又吃經濟實惠的美式炒麵，把通心粉、牛絞肉和家裡有的蔬菜罐頭炒一炒再拌番茄醬。媽點了根菸，長吸一口再把煙吐向爸爸。我以為爸爸會跟平常一樣從椅子上站起來走去客廳，把披頭四的音樂轉到最大聲，蓋住她的聲音。但今晚他坐在原位，抱著雙臂，黑漆漆的眼珠隔著煙霧像要將媽射穿。媽把菸灰彈在盤子上，目不轉睛看著他。爸爸也看著她，臉上寫滿嫌惡。

「妳答應要戒菸。」

「改變主意了。」她說，深吸一口菸，我聽到菸草畢剝響的聲音。

爸爸氣得拍桌，餐具鏗鏘作響。我弟弟嚇了一跳，嘴角往下拉，倒抽一口氣，隨時準備嚎啕大哭。媽又對爸吐了一口煙並瞇起眼睛。我的神經像熱鍋上的水珠跳起來，手指緊張地在桌子底下敲著大腿，腦袋開始數秒，看誰會先開戰。數到七的時候，我看見媽的嘴角漸漸浮現一抹冷笑。她把菸按在盤子上，然後站起來，避開胡椒粒，大步走進廚房。我聽到她開始摔鍋子，鍋蓋掉到地上，劈劈啪啪響了好幾聲才停住。她沒有要到此為止的意思，這下慘了。

媽媽從爐子上拿了一只熱騰騰的鍋子走回來。看見她把鍋子高舉過頭，我放聲尖叫，好怕她會當場把爸燙死。爸爸把椅子往後一推，站起來看她敢不敢動手。我的腸胃在翻攪，突然間桌椅好像浮起來快速旋轉，彷彿狂歡節的旋轉咖啡杯。

我閉上眼睛，祈禱有台時光機可以帶我回到去年，那時候爸媽還會說話。要是我能找到出問題前的那一刻，說不定就能想辦法挽回一切，阻止今天的事情發生。也許，我會拿丟在地下室、被遺忘已久的彩色幻燈片給他們看，證明他們曾經深愛對方。我第一次拿起幻燈片對著陽光看，才知道媽媽曾經那麼愛笑，會穿短洋裝和亮麗的白靴，像電影明星用長菸嘴抽菸。現在她還留著一樣的俏麗短髮，但以前那頭紅髮更亮，眼睛似乎也更綠。在每張幻燈片裡，媽媽不是笑咪咪，就是轉頭對著爸爸眨眼。媽媽到蒙特利半島學院註冊時認識了爸爸，當天爸就邀她一起沿著往大蘇爾的海岸線開車兜風，這些照片就是在那之後不久拍的。

爸爸曾在幾個夏季派對上看過媽媽。她笑聲爽朗，說話風趣，身邊總是不乏聽眾。他發現她在陌生人之中怡然自得，情不自禁受她吸引。他個性安靜內向，沒人找他說話，就不會主動開口，他喜歡先觀察人再決定要不要交談。這樣的個性讓他在媽媽眼中顯得有些神祕。於是，讓這個有著明顯美人尖和迷濛眼神的高大陌生人敞開心扉，對媽媽成了一種挑戰。當他把畢業後想加入海軍、遠渡重洋的計畫告訴她的時候，從沒出過加州大門的媽媽就認定他了。

兩人在一九六六年結婚。不到四年，爸爸被調到羅德島的新港市，我跟馬修在那裡出生。爸爸從海軍退伍之後，轉行當電機工程師，製造校正其他機器的機器。媽媽帶著我們姊弟倆散步走去肉鋪和雜貨店，並且準時五點備好晚餐。外表看來，我們的生活上了軌道，井然有序。我們住在木瓦屋頂的公寓，我跟弟弟在二樓有自己的房間，兩個房間之間是散落一地的玩具，包括蓋房子套組、亮燈釘圖、創意黏土等。爸爸在門廊上裝了鞦韆，隔壁三戶房子跟我們一模一樣的鄰居小孩會來跟我們一起玩。週末早上，爸爸會來我房間跟我一起看雲，指著從窗外掠過的恐龍、蘑菇和飛盤。睡前他會念格林童話給我聽，即使每個故事都少不了血腥暴力的結局，爸爸從不會說我年紀太小，不適合聽這類故事。

我們一家三口好像很幸福，但我父母的婚姻已經出現裂痕。

我猜想一開始他們還想解決衝突，但紛爭愈來愈多，如癌細胞往外擴散，最後兩人困在一個大的爭執點上動彈不得。如今，媽媽大喊大叫的聲音經常傳到隔壁鄰居家，所以他們的問題想必已經成了公開的祕密。

我張開眼睛，看見媽媽站在一邊，準備把那鍋炒麵丟出去。兩個人你一句、我一句來回互罵，爸極力克制的低音配上媽愈來愈歇斯底里的高音，在我耳中合為刺耳的嗡嗡聲。我輕輕哼著〈黃色潛水艇〉，想趕走那個聲音。以前我常跟爸爸拿木匙當麥克風合唱這首歌。當時這個家還充滿音樂聲，爸爸會用磁帶錄下廣播和黑膠唱片上所有披頭四的歌曲；一卷卷象牙色磁帶卡匣像牙齒般排列在書架上。爸爸都用盤式唱機聽音樂，近日最愛聽〈麥斯威爾的銀色槌頭〉，這首歌講的是一個男人用槌頭把仇人活活打死的故事；每次他在客廳裡都放得很大聲，逼得媽媽受不了，跑來叫他把聲音關小一點。

我才哼到第二句，就看見媽舉起手，慢動作一般鬆開手中的鍋柄。爸低頭一閃，我們吃剩的晚餐飛過空中，砸在牆上又滑下來，留下一道油污，跟地上的胡椒粒混成一攤。爸爸撿起腳邊的鍋子，站起來，氣到全身發抖，砰一聲把鍋子放在餐桌上，也不管有沒有放隔熱墊。馬修開始嚎啕大哭，抬起手要人抱。媽把他抱起來，好像剛剛什麼事都沒發生。她抱著馬修輕晃，在他耳邊輕聲哄他，背對著我跟爸爸。爸轉身逃去閣樓，他會整晚玩火腿電台，用摩斯密碼跟客氣的陌生人聊天。

我一聲不響就跑上樓，兩步併作一步回到房間甩上門。一進房間，我就把摩登原始人的床單扯下來墊在跳跳馬底下。跳跳馬騰空架在鐵框上，四隻腳下的鐵框都裝了彈簧。我把腳卡在它的毛氈肚子底下，開始高高低低搖晃，直到抓到一個讓心情平復下來的節奏。我用及肩的頭髮遮住眼睛，模糊現實，幾乎能騙過自己真的安安全全躲在海面下的黃色潛水艇裡，獨自一人，遠得再也聽不見任何聲音。

雖然不知道爸媽為什麼常吵架，但我心裡很清楚家裡出了大問題。爸爸漸漸不再說話，媽卻又說得太多。我靠著偷聽大人說話把事情一點一點拼湊起來。爸去上班時，我的教母貝蒂有時會來家裡坐坐。她會跟媽坐在沙發上聊各種事，一邊玩我的頭髮。馬修躺下睡午覺，我就坐在她們兩人中間的地毯上，讓貝蒂漫不經心地把我的棕髮繞在手指上。與我媽促膝長談的同時，她就把我的鬈髮轉成一條條的蛇，再鬆開，一遍又一遍。先纏緊，再鬆開。纏繞，拉緊，鬆開。纏繞，拉緊，鬆開。那感覺就像癢處終於被搔到，頭皮也被按得好舒服，就這樣一直重複，直到她們把一整包菸抽完。

她們可以聊一整個下午。我安靜到讓她們都忘了我的存在，放心談起我不太適合聽的話題。多半是說男人讓人失望，答應要摘月亮給妳，結果拿回家的錢連買生活必需品都不夠。我偷聽到媽媽說爸爸搞不好會失業，因為公司在「縮編」什麼的。

「裁員？」貝蒂問。**纏好，拉緊，纏好，拉緊。**

「顯然是。」媽說：「資淺的工程師都遭殃了。」

「真要命。」

「沒錯。」

「妳怎麼辦？」**纏好，拉緊。**

「我知道才怪。」

貝蒂又拉了一下我的頭髮，然後放掉食指鬆開。我像雕像一樣安靜無聲，豎起耳朵聆聽。她們沉默了幾分鐘。貝蒂換抓我的頭皮，癢癢的舒服感覺從頭皮蔓延到脖子。媽起身走去冰箱又拿了兩罐低糖汽水，拉開拉環，遞給貝蒂一罐，就往沙發上一屁股坐下。她抬起腳放在腳凳上，深深嘆一口氣，整個人好像洩了氣。

「貝蒂，老實說，我覺得結婚不像大家說的那麼好。我二十九歲卻覺得像九十二歲。」

貝蒂伸了伸笨重的腿，把腿從假皮沙發上抬起來、整個伸長，然後試圖前彎，但手勉強只能碰到膝蓋。她痛得叫了一聲又坐直，伸手拉開窗簾，看看窗外。

「妳以為單身就幸福美滿嗎？」

媽媽從嘴角吐出一縷煙，把菸屁股丟進空可樂罐，煙嘶嘶熄滅。「照這個樣子下去，」

媽媽說：「我會很高興跟妳交換。」

貝蒂轉過頭直視媽媽的雙眼，確定她有認真在聽。「有時候很寂寞。」

「單身寂寞總比結婚還寂寞好呀。」

貝蒂抬起一邊眉毛，好像在叫媽媽拿出證據。我媽馬上提出證物A——有次她用嬰兒車推著我去散步，走到家門前，爸爸就從樓上窗戶喊她，叫她快上樓。她以為是馬修怎麼了，情急之下就把我丟在人行道上飛奔上去，結果發現馬修只是需要換尿布。

媽愈說愈火大。「照顧小孩難道**不是應該**兩人平均分擔嗎？」

貝蒂低低吹了聲口哨以表同情。我想問媽媽有沒有回去把我推回家，但我知道現在最好不要提醒她們我也在聽。

「貝蒂，聽我一句話：結婚前務必要問一個關鍵問題。」

貝蒂撫弄我頭髮的手突然停住，迫不及待要知道幸福婚姻的祕訣。

「問男人願不願意換尿布。從他的回答就知道他會平等對待妳，還是把妳當員工。」

我抬起頭，像貓一樣去戳貝蒂的指尖，提醒她手不要停。她的手指自動鉤起我的一束頭髮盤成一團。我知道沙發上的對話不能說出去。這樣偷聽她們說話讓我有點罪惡感，但我實在太喜歡抓頭皮，捨不得走開。

我一定是在跳跳馬底下睡著了，因為當媽媽大力推開門，門砰一聲撞上牆壁把我嚇醒時，我完全不記得自己是什麼時候爬上床。她使勁拉開衣櫥的抽屜，把我的衣服一把一把丟進有橘色緞面襯裡的白色行李箱。我坐起來，等眼睛聚焦，但她動作好快，我眼前還是一片模糊。

「五分鐘。」她停住片刻。「我去叫妳弟。我回來的時候，妳就要換好衣服。」

說完她就衝出房間。天還沒亮，我的身體重得像水泥，外面好冷，我一點都不想出門。這種事，媽媽以前也做過。她會半夜把我們搖醒，氣急敗壞地幫我們穿上雪褲、戴上帽子和手套，邊喊著她要離家出走、邊跑下樓。爸爸會讓她跑上跑下收拾行李直到她沒力為止，最終說服她在他旁邊坐下來，跟他談一談。爸爸的聲音低沉，令人安心，媽媽就像開太大聲的電視機。我會坐在樓上聽，等到吼叫聲停止、她擤鼻涕的聲音傳來，表示架吵完了，大家都可以回去睡覺了。

所以我決定等媽平靜下來再說。當她抱著馬修再度走進我的房間時，我還像一個問號坐在床上。

「我們要去哪裡？」

「梅若蒂，現在不要問。我**沒心情**。」

她一手抱著我弟，一手脫掉我的睡衣，奮力幫我換上外出服。她推著我走出房門時，我轉過頭。

「我可以帶莫麗絲一起去嗎？」

莫麗絲是一隻穿裙子的粉紅色貓咪，是媽媽在海軍醫院生下我之後，回家途中在一間藥房買的。電視廣告裡有隻貓叫莫麗絲，所以我就幫它取了這個名字。它是我最寶貝的玩具，我很黏它，尤其是最近，睡覺一定要抱著，不然就會睡不著。媽媽點點頭，我伸手從被單裡把它抓出來，媽立刻把我往外拉。

到了玄關，媽媽幫我穿上外套，爸爸則是垂頭喪氣打開前門，走到冷颼颼的戶外。我跑到客廳的窗戶前，看著爸爸發動停在門廊燈下的富豪汽車。他刮掉擋風玻璃上的白霜，呼吸變成銀白色的煙。我看見他把行李放進後車廂，然後坐進駕駛座。媽媽把馬修抱上汽車安全座椅，扣好安全帶，再回屋子裡叫我。我把莫麗絲抱得更緊，下巴來來回回摩擦它粉紅耳朵上的軟毛。

「我們要去哪裡？」我又問一次，這次小聲點。媽媽幫我拉好羽絨外套的拉鍊，把雙手放在我肩上。

「加州，去找外公、外婆。」

雖然她的聲音在發抖，但她擠出一抹微笑，讓我稍微開心一點。去年夏天外公、外婆來看我們，因為有客人，家裡整整一個禮拜風平浪靜。外公跟爸爸帶我去海邊，教我徒手衝浪，讓海浪把我抬起來，彈向嘶嘶翻騰的泡沫，然後腹部朝下滑回沙灘。外公讓我跨坐在他的肩膀上，用腳趾頭挖出簾蛤，還教我看那些噴水的地方就是簾蛤在呼吸。我們帶了滿滿一桶簾蛤回家，拿到廚房去殼當晚餐。說不定加州也有簾蛤。

上了車，媽轉頭不看爸，在結霜的車窗上畫一條條的白線。馬修又睡著了，頭歪向我，淺棕色頭髮遮住眼睛，紅色小嘴呼呼喘氣，但不是在打呼。我一出生就哇哇大哭，弟弟跟我剛好相反，出生後，眨了兩下眼睛就笑了。我媽喜歡說，難搞的個性都遺傳到我身上，沒得分給我弟。確實是這樣，馬修生性溫和，很容易相信人，覺得世界上每個人都是好人。有哪個三歲小孩會在你拿走他手中的糖果時是笑咪咪的，相信這是個遊戲，最後一定有更好的東西回到他手上？當他的小手抓著我的食指，喝醉酒般跟著我連續快走，相信我不會讓他跌倒時，我感覺得到馬修對人類的全然信任。我走到哪他就跟到哪，他會學我用過的字，說我說過的話，就像我的合音天使。凡此種種都讓我深深愛他，即使他實在不是聊天的好對象。但他有句話讓我一輩子跟他緊緊相繫。只要睡完午覺醒來，看到我走進房間，他就會站起來伸出肥嘟嘟的海星手。

「梅若－滴！」他對我喊。

我弟是我的鐵粉，他對我的崇拜讓我覺得自己與眾不同。

爸爸換檔時特別用力，我雙手抱膝坐在車上晃著身體，好希望有人說些什麼。到波士頓機場的九十分鐘路途上，媽只說過一次話。她要爸爸繞去福爾里弗某位朋友家做個道別。終於開進機場停好車之後，周圍一切突然像在快轉。門開了又關上，我們四個快步疾走，不發一語。走進透明旋轉門時，我覺得自己好像掉進井裡。我不懂到底發生了什麼事，只知道很嚴重，自己不該問東問西。我抓住媽媽的手不放。

爸爸幫我們買了機票，把我們的行李箱交給櫃台後面的女人，我看著行李箱放上輸送帶運走，進了牆上的開口就不見了。到了登機門，爸爸帶我走到窗前，指著我們待會要坐的飛機給我看。飛機在晨曦中閃著微光，像隻翅膀往上揚起的光滑大鳥。我的腸胃在翻騰，想像自己坐在飛機裡飛上天。我問了爸爸好多問題：飛機會飛多高？怎麼樣才不會掉下來？他會不會坐我旁邊？登機時間到了，爸爸跪下來用力抓著我，我感覺到他在發抖。

「妹妹要乖。」他擠出微笑。「爸爸愛妳。」

我全身的血液瞬間凍結。當爸爸沉進機場的椅子裡，媽媽拖著我走向登機門時，我有種身體被撕裂的感覺。這樣不對，爸爸應該跟我們一起去的。媽媽抓著我的手臂，我的身體卻硬撐著，不肯往前走。

「快點。」她氣呼呼地說。

「那爸呢？」我問，腳跟不肯移動。但媽媽的力氣終究比較大，我再怎麼抗拒，最後還是被迫往她的方向踉蹌。

「不要丟人現眼。」

我放棄掙扎。四周的對話變得模糊，好像人在水底。我安靜下來，感覺自己被拉進空橋，回頭想找爸爸，但後面太多人擋住了視線。我腦袋一團亂，任由媽媽拉著我步上走道，坐進靠窗的位子。我把額頭貼在冰冰的橢圓窗上，直到看見一個身材高大、黑頭髮、穿花格紋褲的身影，站在航站的玻璃窗後面。爸爸看起來像電視裡頭的人。我舉起手，但他沒看到我。飛機漸漸離開登機口，他還站在原地不動。我目不轉睛盯著他，直到他變得愈來愈小、飛機轉彎掉頭為止。

飛行途中，媽靠著摺疊桌抽菸，用顫抖的手剔著紅棕色指甲油，看起來就快崩潰。我一邊假裝畫空姐給我的著色本，一邊偷瞄她。媽媽在我眼中還是很美，但皮膚在頭頂燈光的照射下顯得灰白了些。在家裡，她很在乎自己的樣子，一定要用粉底遮住雀斑、刷上藍色眼影才出門。我喜歡看她進行這個儀式，還有儀式所需的工具——把她的短鬈髮吹得更蓬的吹風機，在臉頰撲上紅暈的大粉刷，還有讓睫毛更捲更翹的睫毛夾。有時，她會讓我從放在浴室裡好幾十支口紅中選出一支。最後一道手續是在頭上噴一種難聞的東西，讓頭髮定型。

「有點肉肉的也無所謂，只要妳有張漂亮的臉蛋。」她說，把金色圈圈耳環穿進耳洞。出門前，她一定會戴上電影明星必備的太陽眼鏡，兩片棕色的圓鏡片大得像杯墊。

媽媽有點小腹，但腿很細，所以她會用剪裁花俏、顏色鮮豔的洋裝遮住自己的缺點。她選的洋裝都在膝蓋以上，讓她看起來像一束花長在兩枝花梗上。我覺得她很漂亮。看她打扮時，我最愛的環節是挑選鞋子。她的衣櫥底下放著一排整齊的高跟鞋，鞋尖向內，彩虹七色每個顏色都有。她不准我碰她的東西，但她的鞋子讓我讚嘆。我想像自己像個淑女蹬著高跟鞋，在人行道上踩著自信的步伐去上班。打扮好之後，她會在鏡子前轉來轉去，問我她看起來會不會很胖。我從不覺得她胖，但每次照鏡子，她都一臉失望的模樣。

每個月至少有一次，她會盛裝打扮去參觀范德比爾豪宅。這片壯觀的石灰岩「避暑別墅」有七十個房間，看起來像六間房子連在一起，高踞在大西洋沿岸的一片峭壁上，離我們的公寓才五分鐘車程。我們會穿過鑄鐵柵門走進去。媽媽推著馬修的嬰兒車，走路時洋裝沙沙作響，走過之處留下一縷露華濃的查理香水味。沿途的灌木都修剪成精確計算過的三角形，細石路在腳下喀札喀札響。我們從沒進去聽過導覽，但那裡有張長椅是我們的最愛，從那裡媽媽可以看見頂樓的窗戶。我弟會撿石頭讓我丟進院子的噴泉，媽媽則緊盯著窗戶不放，希望一睹據傳住在頂樓的豪宅繼承人的真面目。

參觀豪宅時，媽媽全神貫注，彷彿在事先熟悉富裕的生活，這樣有天飛上枝頭才不會措手不及。她喜歡看麻雀變鳳凰的書，深受尋找神祕寶藏的電影吸引，也愛看各種玩遊戲拿大獎的節目。媽媽是個缺乏計畫的夢想家。一年一年過去，灰姑娘的夢想沒有實現，她覺得自己受了騙，說好的榮華富貴沒有一樣成真，因此她對爸爸愈來愈失望。她一直在等自己夢寐以求的人生降臨，愈來愈想不通為什麼沒有美夢成真。

飛機遇到亂流顛了一下，我又偷瞄媽一眼。她好像快睡著了，眼睛張開卻兩眼無神，腿上一團面紙，臉上的妝都哭花了，她用手去抹反而弄得更髒，看起來就像烏青。每隔一會兒，她就會長嘆一聲，身體陷進椅子，好像整個人都洩了氣。我拍拍她的手，她恍恍惚惚按住我的手。我想問她，爸爸為什麼沒有跟我們一起來，但我知道不會有答案。雖然她坐在我身旁，心卻飄得老遠。我翻著嵌在扶手上的菸灰缸，開了又關，關了又開，希望聲音會吵到媽，她就不得不開口叫我停下來。

要是她說些什麼就好了。我想要她大哭、大叫或丟東西，讓我知道一切都沒改變。但她安靜得教人害怕。要是她崩潰大哭，我起碼會知道她在想什麼。沉默不語不是她的風格，這表示情況很嚴重。恐懼從我的喉嚨深處湧出，苦苦的，像燒焦的核桃。

我想盯著她，但規律的引擎聲很催眠，最後我還是睡著了。我夢到腳下的飛機地板有個小洞，一根長桿從洞裡伸出來。我解開馬修的安全帶，把他推進洞裡，再拉下桿子。嘶嘶熱氣冒了出來，我一放手，馬修就變成汽水罐大小的藍色玻璃圖騰。他被困在玻璃裡，我聽見他大喊放他出去。我把他塞進口袋，答應他會把他變回小孩，但是在抵達外公外婆家之前，這是保護他安全最好的方式。

直覺告訴我，我要好好保護弟弟。坐在飛機上，我感覺到媽媽離我們愈來愈遠。那種改變很難形容，就像長高一樣微妙，等你察覺時就已經發生了。飛機降落時，媽媽兩眼無神，好像我是透明的。飛機橫越美國中部時，她在三萬呎高的天空中放棄了母親的身分。

2 與蜂蜜巴士第一次相遇

一九七五年，隔天

看著外公把巢框拿進巴士，幾小時之後，就端著一罐罐味道有如陽光的金黃色蜂蜜走出來，對我來說有如魔法。

外婆在蒙特利半島機場等我們。她抱著雙臂，身穿羊毛洋裝，外搭一件乾淨如新的泡泡袖高領上衣。一頭蓬蓬的茶色頭髮吹得又鬈又硬，外面還套著有細繩綁在下巴的透明塑膠雨帽，以防颳風下雨。她是美姿美儀的最佳代言人，在公然跟親戚好友親親抱抱的粗俗人群中，顯得氣質非凡。外婆戴著一副貓眼眼鏡，看著我們走近，嘴扁成一條細線。媽媽一看到她就傷心得哭出來，伸手要去抱她。外婆隨即從袖口抽出一條皺皺的手帕遞給媽媽，避免場面太尷尬。媽媽接過手帕，杵在原地，不確定該怎麼做。外婆很重視形象，可不能在公眾場合失態。

「我們去坐一下。」她低聲說，抓起媽的手肘，把她拉向一排塑膠硬椅。媽擤了擤鼻子，忍住眼淚，外婆摸著她的背輕聲哄她。我不知所措地站在那裡，想看又不敢看。外婆從零錢包拿出兩枚二十五分的硬幣，指了指一排扶手上裝設黑白小電視的椅子。我們開心地跑過去，讓媽媽和外婆進行「無比重要的對話」。我跟馬修擠進一張椅子，把硬幣投進去，轉動轉盤找到卡通台。

外婆跟媽媽終於起身要離開時，航站裡只剩我們四個人。外婆走過來，我自動抬頭挺胸。「妳媽只是累了。」她說，彎下腰親我的臉。她聞起來像薰衣草肥皂。

外婆開的是芥末黃的旅行車。我跟馬修坐後座，聽不清楚她們在說什麼。我望著窗外的加州景色從眼前飛掠而過。已經二月了，卻沒看到雪，很奇怪。車子開過高低起伏、設有馬場的棕色山丘，接著爬上陡坡，轉過髮夾彎，愈爬愈高。引擎發出吃力的轟鳴，當我發現已經開到群山頂端時，我的腳底發麻，感覺車子就像行駛在超級大碗的邊緣上。底下，層層疊疊的溝壑往下方的山谷延伸而去，我突然覺得我們像是從恐龍的身上開過去，牠們死了之後，身體變成了山脈。

我也發現加州的樹長得不太一樣。孑然而立的巨大橡樹伸長八爪章魚般的枝幹，都快碰到地面，跟我們家附近的火紅楓樹，或是細瘦樺木組成的濃密樹林截然不同。車子終於開下坡時，卡梅谷在底下一覽無遺，只見一大片寬闊的綠色盆地，一條銀色河流沿著一側蜿蜒而去。下坡時，我的耳朵嗡嗡響，車子開到碗底時才停止。現在，山脈環繞在我們四周，像高聳的堡壘。卡梅谷就像我讀的童話故事裡的祕密花園，徹底與世隔絕。這裡氣候比較暖和，陽光彷彿讓一切慢下來，貨車悠悠前行，乳牛昏昏欲睡，河水緩緩流動。

我們經過社區公園和公共泳池，然後右轉開上康騰塔路，經過一所有網球場的小學。這條住宅區街道上都是平房住家，彼此用杜松籬笆和橡樹隔開，以保有隱私。外婆在義消大隊前放慢車速，我看見有些人在門前清洗紅色引擎。經過一條排著幾棟一模一樣的木瓦別墅的無尾巷之後，終於來到目的地。眼前是一間紅色小屋，坐落在一片土地的中間，四面圍著高大茂密的樹叢。

外婆沒走前面的碎石車道，直接開進後面的黃土小路。小路沿著籬笆延伸，一排巨大的胡桃樹遮住天空，枝幹垂地，我們彷彿走進了綠色隧道。車子沿著彎曲的小路開進後院，胡桃殼被輪胎輾碎。外婆把車停在曬衣繩旁邊，她的方塊舞裙在曬衣繩上迎風翻飛。

住在這條街最大的土地上是外婆的一大驕傲。一抓到機會，她就不忘提醒別人，她是卡梅谷村的第一批居民，一九三一年就跟母親從賓州移居到這裡。當年她才八歲。她父親突然心臟病發過世，她母親想離開傷心地，到一個氣候溫暖又能盡情游泳的地方，就開著敞篷車翻山越嶺來到這裡。外婆認為，單憑這段歷史，她絕對有資格批評四十年來湧入這裡的新居民。不過，她很慶幸四周充當地界的橡樹、胡桃樹和尤加利樹長得夠密、夠高，可以擋住鄰居的視線。鄰居反過來也省得看到外公愈堆愈高、占據這片大空地的破銅爛鐵。

下了車，我看見好多乾草堆大小的落葉堆、至少三間工具間、一堆堆的碎石磚塊、兩部生鏽的軍用吉普車、一輛平板拖車、一台挖土機，還有兩台風吹日曬的小貨車。棚架上的葡萄藤沿著曬衣繩往下延伸到後籬笆。我看見籬笆後方的空心磚上堆了好多蜂窩，每個都有四、五個木盒那麼高。從這麼遠看過去，就像白色檔案櫃組成的迷你大都會。

迎風翻騰的衣服之間，有樣東西勾住我的目光。我穿過五顏六色飛來飛去的裙子，不知不覺走到一輛褪色的綠色軍用巴士前。車頂生的一圈鏽經過雨水沖刷，咖啡色的鏽跡從旁邊流下來。雜草淹沒了輪胎，圓弧形擋風玻璃滿布裂痕，一片模糊，一叢粗厚的大黃從前面的保險桿冒出來。這輛巴士看起來像是直接從二次大戰開出來，喘著大氣在外婆的菜園旁停住，而且來自一個汽車都是圓弧線條而非俐落直線的年代，因此看起來不像機器，比較像動物。圓弧形車蓋像獅子的口鼻，通氣孔像鼻孔，圓圓的頭燈像眼睛瞪著我看。鼻子下面是一排在冷笑的格柵牙齒，底下撞凹了的金屬保險桿像極了下唇。擋風玻璃上有塊車牌，白漆已經剝落，寫著U. S. ARMY（美軍）20930527。我被這個不協調的畫面迷住，油然而生一探究竟的衝動。

我穿過及腰的雜草叢，想走上前看看裡面，但車窗對我來說太高。我繞到巴士後方，在排氣管旁邊發現幾層充當樓梯的棧板，棧板已經彎曲變形，通向一扇窄門。我爬上去，簡易樓梯在我腳下搖搖晃晃。我把鼻子貼在模糊的玻璃上往裡頭看。

車上的座位都不見了，到處散落著轉輪、曲軸和水管，有如一間小工廠。有個浴缸大小的金屬桶放在地上，裡頭放著一個滑輪驅動的大飛輪，跟人形孔蓋一樣大。駕駛座後面有兩個大鋼桶，上面蓋著棉布。頭上交錯的鍍鋅鋼管，用釣魚線綁住，懸掛在天花板上。

一面牆上放著各種器具，另一面牆堆了很多木箱，每個大概六吋高、兩呎寬，外面漆成白色。每個長形木箱都是外公從蜂巢拿出來的，上下敞開，內含十個可拆式的木質巢框。木框卡在木箱的凹槽裡，排列得整整齊齊。後來，外公告訴我那是「繼箱」(honey super)。繼箱就是蜂巢模組最上面的可拆式箱子，蜜蜂把花蜜儲存在蠟做成的巢礎上，然後拍擊翅膀將花蜜釀成濃郁的蜂蜜。較大的孵化箱在蜂巢的最下方，那是蜂后產卵的地方；最上面就放著這些繼箱。

巴士裡面，裝著巢框的長箱子起碼有三十幾個。亮晶晶的蜂蜜從木板滴到黑色橡膠地板上，形成一攤攤金黃閃爍。

我看見儀表板上的玻璃罐在陽光照射下變成紫色，還有一塊塊金黃色蜜蠟，那是外公先把蜂蠟融化，再灌進褲襪、濾進麵包模型硬化而成的。到處都是彎彎曲曲的電線，天花板的欄杆掛著工地燈。我把手搭在眼睛上遮住強光，車裡某個陰暗的角落，有個人也貼著玻璃跟我面對面。我嚇了一跳，差點往後倒，外公飛快從後門探出頭。

「噓！」他說。

蜜蜂嗡嗡飛到他四周，他很快關上門，免得蜜蜂飛進巴士。他穿著褲管太短、磨得破舊的Levi's牛仔褲，沒穿上衣。愛因斯坦式的亂髮往四面八方亂翹，好像剛剛有電流通過。圓圓的臉曬成栗子色，一副對人生感到困惑的表情，好像因為一個只有自己知道的笑話不斷在偷笑。他一手拿罐子，煙從瓶口源源湧出，他趕緊從地上扯一把雜草塞進去把火弄熄，再把噴煙器放到一疊磚塊上。接著，他單腳跪下，張開雙臂，示意我投向他的懷抱。

「我等你們好久了。」他說，把我緊緊抱住。

我抱住他，然後把手從他的脖子旁邊伸出來，指指那輛巴士。

「我可以進去嗎？」

他的工作室對我有種「巧克力冒險工廠」的吸引力。那是他用老舊的養蜂器具和多餘的水電零件一手打造的，發電機是除草機拆下來的燃油馬達。夏天最熱的時候，他在裡頭將蜂蜜裝瓶，整輛巴士轟隆隆響，彷彿要開走似的，而且車內溫度直逼攝氏三十八度。那台巴士就是外公的祕密工作室，使用的器具都是七拼八湊而成，沒經過安檢，加上裡頭又悶又黏，暗藏危險的氣氛，更教人無法抗拒。看著外公把繼箱搬進巴士，幾小時後，就端著一罐罐味道有如陽光的金黃色蜂蜜走出來，對我來說有如魔法。外公就像宙斯，擁有支配大自然的力量，我想要他教我如何擁有那種力量。

外公站起來，拿一條油膩膩的破布擤了擤鼻子，再塞進後口袋。

「我的蜂蜜巴士？那不是給小孩玩的地方。」他說：「等妳跟我一樣五十歲再說吧。」他說裡頭太熱、很危險，可能會害我割斷手指。

外公把長長的手臂伸向車頂，取下一根彎得剛剛好的鋼筋。他把鋼筋的一端插進曾是後車門手把的洞，扭一下巴士就鎖上了，完了再把自製「鑰匙」放回車頂我搆不到的地方。

「法蘭克林，可以來幫我搬行李嗎？」外婆大喊，語氣聽起來像命令，不像問句。外婆長年在小學管教學童，練就一身領導能力。我有點怕她，每次在她面前都會裝乖，因為有她在的地方，你自然不敢亂來。不只是我，她周圍的人也是。外公一聽到她的聲音，耳朵就豎起來。

我跟著他走向旅行車。他把我們三個人共用的行李箱從後車廂搬下來。我們一起走向前門，一群蜜蜂受他靴子上的蜂蜜吸引，也跟了過來。

外公外婆住在一間紅色小屋裡，平坦的白色碎石屋頂像終年不會融化的積雪。外公說這樣可以隔絕日曬，而且比冷氣還便宜。屋裡有兩間臥房、一間廚房，客廳兼當飯廳鋪上紅木地板，呈L形把廚房包起來。占據客廳半面牆壁的磚塊壁爐是主要的暖氣來源。壁爐旁邊立著落地式發條鐘，對面是一整排對著聖塔露西亞山脈的落地窗，這座山脈擋在我們跟對面的大蘇爾中間，形成天然的屏障。廚房漆成淡藍色，外公的黑色臘腸狗麗塔就睡在廚房洗衣機旁的凳子底下。浴室只有一間，牆壁貼著棕、銀兩色條紋的壁紙，低水量的蓮蓬頭出水很微弱。

外婆帶我們到備用房間。那原來是媽媽小時候的房間，後來粉刷成哈密瓜色。我走進房間，馬上覺得我的世界縮水了。馬修睡角落的嬰兒床，我跟媽一起睡雙人床。有著大理石平面的維多利亞梳妝台底下，有兩個薰衣草味道的抽屜，可讓我們放衣服。跟這個小房間相比，我在羅德島的房間突然顯得有如城堡。這裡光是床就占去大半空間，根本沒有玩要的空間。

媽媽立刻拉上窗簾，在牆上打下陰影。外婆把我跟馬修趕出房間。

「讓媽媽靜一靜。」她小聲地說：「走，去玩面玩。」

外婆的聲音很有威嚴，向來只發出命令，而不是建議。我們立刻學到新家第一條不言而喻的規定：當家作主的是外婆。我們的日常作息、一天三餐都歸她管，她也替媽媽、外公和我們做各種決定。

那天晚上，媽媽沒跟我們一起吃飯。外婆把番茄湯和烤麵包放在托盤上送到她房間，還在湯碗旁放上水晶花瓶，花瓶裡插了一朵玫瑰，就像飯店的客房服務。

「幫我開門。」外婆站在媽的房前說。

我轉動門把一推，一小片黃色光線射入陰暗的房間，香菸的霧氣騰騰湧出。菸味好濃，我一吸氣就覺得胸腔都是菸。我後退一步，讓外婆先進去。她放輕腳步走向床，媽媽蜷著身體躺在床上輕聲啜泣。床頭櫃上有個琥珀色的玻璃菸灰缸，裡頭滿滿都是菸灰。

「莎莉？」

媽唔了一聲當作回答。

「妳應該吃點東西。」

媽媽拉直身體坐起來。她皺著眉頭，揉了揉太陽穴。

「我偏頭痛。」她說，聲音細到好像會斷裂。外婆打開電燈，我看見媽媽的臉頰紅紅的，眼睛腫腫的。

「要吃止痛藥嗎？」外婆問，從口袋拿出塑膠罐搖了搖。

媽媽伸出手，外婆倒了兩顆藥丸在她手上，再把水杯遞給她。媽喝了兩口就把杯子還給外婆，然後砰地倒回床上。

「電燈。」她說。

我伸手關掉電燈。

媽媽看起來好虛弱，連抬起頭都有困難。我想起有次我發現一隻幼鳥從鳥巢掉出來。牠的身體粉粉的，藍色眼睛凸凸的，但還沒張開。我把可憐的小東西撿起來時，牠的頭還歪向一邊。

「我把吃的放在這裡。」外婆說，把托盤擱在床腳，媽揮揮手拒絕。外婆在床邊站了一會兒，看媽會不會改變心意。她彎下腰調整枕頭，好讓媽躺起來更舒服。之後，媽媽又閉上眼睛，轉身背對我們。外婆拿起托盤，我們踏著沉重的步伐走出去。

第一天晚上，馬修睡新的嬰兒床，我則鑽進大床跟媽媽一起睡。她像墨西哥捲餅緊緊裹在被單裡，把床切成一半。我輕拉被單，怕會吵醒她。她在睡夢中嗯了一聲，有氣無力地把被單拉回去，然後縮到旁邊、騰出空間給我。我聽見她吸吸鼻子又睡著，發出細小的打呼聲。

我縮到床邊，盡量跟媽媽拉開距離，但又不能掉下床。我對著占據整面牆的窗戶，用手去描從窗簾縫隙透進來的月光。我不想碰觸到她，好像她的眼淚會傳染似的。

我靜不下心，也睡不著覺，心裡念著，爸爸現在在做什麼呢，他會不會在空蕩蕩的家裡走來走去，他會不會改變心意，決定還是來加州找我們？我希望我們家的改變只是暫時的，但是我不知道是什麼出了問題，所以也想不出要怎麼解決。我的內心深處浮現一種新的不安，因為現在我知道人生有多無常，你可能前一天還有自己的家，隔天就沒了。我想知道為什麼是我，也想要回溯過去，找出自己究竟是哪裡錯了，生活才會變得面目全非。我怎麼也想不通，卻隱約有種感覺，往後我要小心說話，走好每一步，這樣才能盡我所能安慰媽媽，然後慢慢地、有技巧地讓她重新快樂起來。我要聽話，要有耐心，這樣我的運氣或許就會變好。

媽媽跟馬修的打呼聲形成斷斷續續的節奏。我盡量跟他們呼吸頻率一致，好讓自己睡著。我躺著一動也不動，嘴裡哼著〈黃色潛水艇〉，自我催眠終於見效。我退回腦袋深處，不知不覺就睡著了。

接下來幾個禮拜，媽媽還是臥床不起，外婆用過各種方式給她打氣，為她準備各式各樣的床邊點心，找出她吃得下的東西。但大部分食物都被媽拒絕了，除了加糖咖啡和汽水，偶爾還有鄉村乳酪。外婆拿熱敷袋讓她敷背，拿冰敷袋讓她貼額頭，從圖書館借偵探小說讓她解悶。但是媽媽的偏頭痛還是沒好。她抱怨肌肉痠痛，外婆就翻箱倒櫃挖出一個長得像手提式電動攪拌機的東西，只是多了一根棒子，尾端有個金屬圓盤。外婆將它插上電，圓盤就開始發熱、振動。她坐在床上拿著振動器在媽的背上緩緩來回移動，放鬆緊繃的肌肉，媽媽舒服地發出嘆息。

白天的時候，我跟弟弟不能進房間，因為媽媽需要休養。但外婆會在她床邊一坐好幾個小時，跟她深談。我會偷聽，但只聽得懂片段。大都是外婆在安慰媽媽，這不是她的錯，她可以把這件事拋到腦後，還有男人追根究柢就是沒用，不值得為他們傷心難過。我聽到媽吸著鼻子，委屈地問：「為什麼是我？我該怎麼辦？我造了什麼孽要受這種罪？」她的疑問跟我的很像，所以我伸長了脖子想聽外婆的答案，卻一直沒聽到。最後我等累了，只好放棄。

冬去春來，前庭的杏樹開出白花。媽媽臥床休養進入第三個月，情緒卻更加消沉。媽媽的可憐遭遇激起外婆無止境的同情心，一邊給媽媽一個安全的避風港，還有無限的時間重新振作起來，一邊又要照顧我跟弟弟，不讓我們成了孤兒，因此她的工作分量比平常多了一倍。她從不告訴我們媽媽怎麼了，反而像沒事一樣東奔西忙，幫我們買衣服、洗衣服，帶我們去看醫生，強迫我們睡前要刷牙，寫信去罵我爸，催他寄生活費給我們。外婆憑著一股對家庭的責任感，擔下了第二份母職，也縱容媽媽把自己變成怨婦。她把照顧我跟馬修當作一種責任，毫無她對女兒的疼愛。媽媽才是她的小孩，我們比較像是她意外收下的養子養女。情緒低落時，她會怪我跟馬修毀了她原本的人生規畫，讓我們知道，要不是我們那個一無是處的爸爸，她早就可以好好享受退休生活。

「去外面玩」成了外婆常說的一句話，因為現在她要洗更多衣服，煮更多飯，掃更多地，要是我們老是在家礙手礙腳，她事情忙都忙不完。

外面有不少東西可玩，加上外公外婆都放牛吃草，所以只要我顧好弟弟，院子都任由我們自由探索。剛到加州的那年夏天，我跟馬修吃了好多外公種的黑莓，把嘴唇和指頭都染成紫色。我們爬進兩部裡頭挖空、丟在院子裡生鏽的軍用吉普車，開著它們打了好幾場想像的戰爭。我們挖出「年代久遠」的人埋在土裡的塑膠士兵和玻璃彈珠，還發現外公從我們出生前就開始堆積的殘枝堆（果樹枝幹堆成的小山），然後像蜥蜴爬牆一樣手腳並用爬上去。我們發現，在上面跳來跳去可以彈很高，就像彈跳床一樣。雖然有幾次我們摔得青一塊、紫一塊，但次數不多。

我們很快就習慣了卡梅谷戶外的各種聲響，聽到山丘上的孔雀發出類似女人被勒住喉嚨的尖叫聲，再也不會嚇得跳起來，也學會分辨同一條路上的義消大隊發出的救護車和消防車警鈴兩者之間有什麼不同。我們喜歡戶外勝過室內。因為室內不像家，反而像圖書館，大家說話都要壓低聲音，關上碗櫃或放盤了都不能太大聲，免得吵到媽媽。

我跟弟弟到處亂跑，漸漸變得有點野，同一條牛仔褲一穿就好多天，丹寧布從藍色變咖啡色，只有記得時才洗澡，而且也沒人介意，畢竟在常鬧乾旱的加州，省水是美德。因為如此，當外公外婆發現我跟馬修躲在車道盡頭的橡樹後面，抓著灑水水管突襲經過的車輛，潑得駕駛人全身濕的時候，我們才會挨罵。開這種危險的玩笑已經很不應該了，我們竟然還在旱季快來時浪費珍貴的水。外公任由果樹枯死，還擔心花開得不夠多，蜜蜂無法製造蜂蜜。左鄰右舍從快要見底的卡梅河救起硬頭鱒，放進貨車後面的水槽，再開車把魚送到河口放生，讓魚兒游回大海。

我辯解說，沒車經過的時候我們都有把水管壓住，沒浪費太多水，這下反而愈描愈黑。外婆叫外公修理我們，把我們痛打一頓。他打是打了，但只是做做樣子，手誇張一揮，但一碰到我們的屁股，力道馬上收住，輕輕打一下就交差了。儘管如此，我們還是羞愧得大哭大叫。

那次挨打讓我們學到一件事：外公外婆是兩個極端：她是黑臉，他是白臉。早上一起看報時，她看政治新聞看得心煩氣躁，他邊看漫畫版邊哈哈大笑。她在意名聲和外表；他穿著沾上咖啡漬的破舊內衣，從不清指甲裡的黑色污垢。她愛乾淨；他什麼都不肯丟，東西在家裡內外愈堆愈高，愈積愈多，某種程度符合專家定義的「囤積狂」。她討厭戶外；他要人家三催四請才肯進門。

當年外婆在卡梅谷小學的方塊舞會上認識外公時，她是個四十歲的單親媽媽，跟當時已經十九歲的我媽住在這間小紅屋裡。離婚才幾個月的外婆努力要恢復社交生活，小她三歲的外公雖然孤家寡人，卻很滿意單身生活。外公拉著她轉來轉去，她發現他的上半身很有力，也很用心把舞步跳對。她早就從大蘇爾的月報上得知這號人物，報上稱他是「大蘇爾的帥哥單身漢」，也不妨礙她對他的觀感。

外公並沒有在找對象；他跟蜜蜂作伴就很滿足了，當水電工也有固定收入，還跟朋友學會把水接到沒有自來水的偏遠小木屋。他自己挖井，爬上陡峭的聖塔露西亞山脈，把山泉水和溪水引到山下的住家。

露絲和法蘭克林是奇怪的一對，跳起舞來卻默契絕佳。兩人開始一起參加方塊舞會，甚至遠征薩利納斯和沙加緬度。第三次約會，他們到了南太浩湖，外婆問外公他到底存何居心。見他避而不答，她便不客氣地告訴他「要就行動，不要就拉倒」。他從沒見過人這麼直接，打從心裡覺得佩服，最後他答應娶她。她打鐵趁熱，當場說服他開車到隔壁的內華達州，這樣兩人可以馬上結婚，不讓他有機會反悔。最後，他們找到卡森城一家二十四小時開放的法院，找來管理員當證婚人，當晚九點就正式結為夫妻。媽媽有點驚訝，難以相信自己一夕之間有了繼父，但她沒什麼時間多認識外公。外公搬進去四個月後，她就從蒙特利半島學院轉到加州州立大學的佛雷斯諾分校讀社會學。

外公外婆剛結婚時，對彼此的理解都不多，但日子一天天過去，他們漸漸學會欣賞彼此的差異。他喜歡冰啤酒，她喜歡曼哈頓雞尾酒。他有話要說才開口，她常常自言自語。但兩人很合拍，主要是因為她喜歡主導，而他討厭衝突，樂意聽從她的指揮。他對名利地位毫無興趣，薪水都交給她去繳帳單和稅金。每天早上，他們各自投入自己的世界——她去小學課堂，他去大蘇爾的荒野。到了晚上才又聚在一起吃晚飯。在餐桌上，他默默用餐，她對各式各樣的事發表議論。外公欣賞她的聰明才智，再加上他是個大胃王，一餐可以吃四大盤，因此是位絕佳的聽眾。

我跟馬修過沒多久就適應了外公外婆的日常作息。外婆喜歡躺下來享用下午的雞尾酒。教了一整天調皮的五年級學童文法和算術，回到家第一件事就是調一杯曼哈頓，然後在客廳的絨毛地毯上躺下來，用枕頭撐著頭，把報紙攤在面前。現在，她已經教會我調製她的飲料，我也跟她一樣喜歡這項每日儀式。首先，把琥珀色的波本威士忌倒進藍色平底塑膠酒杯到兩指高，再從綠色玻璃酒瓶倒進一點甜甜的苦艾酒，放入兩顆冰塊，最後再放上一顆豔紅色的酒漬櫻桃。我用湯匙攪拌了一下，才把酒端去給她。

「Grazie。」她用義大利文跟我說謝謝，從地上伸手接了過去。

她舔舔手，發出響亮的聲音，開始翻她從吉姆超市拿回來的免費報《卡梅谷松果》，跟聽得到她說話的所有人發表她對地方政治的感想。

「有沒有搞錯，他們竟然想在村裡設路燈！什麼東西。」

這可不是在邀人回應她的發言。她低著頭，繼續跟自己說話。

「我們連人行道都沒有，要路燈做什麼？蒙特利郡的那些官員去死吧！」她罵道，又喝了一大口酒。外婆說，外來的政治人物老想把卡梅谷村變得現代化，辜負了大家搬來鄉間的初衷。

我邊聽邊爬上外公的躺椅，摸索著側邊的手把，想把椅子弄平。我相信外婆聰明過人，知道一般人不知道的事。我的想法來自兩個地方，一個就是外婆。她告訴過我很多次，她的智商有一百四，證明她是天才，而且還會預測天氣。我不知道報紙有天氣預報，所以當我問她天氣狀況時，她說會出太陽、下雨或下霜，我還以為她跟宇宙有直接的聯繫管道。

她時不時就會冒出一句拉丁文或義大利文，在我聽來很國際化。下午的雞尾酒時間一天一天累積下來，我慢慢接受了她的世界觀。外婆把人分成兩種：對的一邊和錯的一邊。儘管我還不知道民主黨或共和黨是什麼，但因為很常聽到，後來就知道我們站在民主黨那邊。外婆的世界黑白分明，因此很好理解。她是對的，跟她意見不同的人就是笨蛋，值得我們給予同情。

「當聰明人很煩哪，」她感嘆地說，轉著杯子裡的冰塊。「因為要等其他人趕上你。有天妳就會懂我的意思。」

外婆正在讀石油短缺的新聞，報紙愈翻愈大力。我走去廚房拿了一顆她的雞尾酒櫻桃犒賞自己，然後溜去媽媽的房間。房門跟平常一樣緊閉著，房裡靜悄悄。媽在床上躺了太久，像記憶一樣變得模模糊糊。比起看到她，我更常感覺到她，因為晚上她都蜷著身體睡在我旁邊。

「媽？」

我輕敲房門。沒有回應。我稍微用力再敲一次。她的聲音聽起來像被蒙住，應該是從被窩裡發出來的。

「走開。」

她的聲音噎住，我反射性地皺起眉頭。我知道媽媽還是喜歡我的，因此提醒自己，她現在只是不像原來的她。外婆繞過轉角，看見我在不該逗留的地方逗留。「跟我來。」她說，按住我的下背把我推向廚房。她從台子上抱起一籃洗好的衣服，我跟著她走去外頭晾曬。她來到鐵絲曬衣繩下，把籃子砰的一聲放到地上；外公用水管搭了兩個T形架，將曬衣繩綁在架子之間。

「拿衣服給我。」她命令：「我脊椎不好，彎不下去。」

我拿一件外公的白色棉質內衣給她，衣服上的油灰漬都結成硬塊，布料磨到薄得透光。她迎風抖了抖，才用曬衣夾固定，然後伸手跟我要下一件。我抽出她那件長到拖地、印有粉紅色玫瑰花的棉襖睡衣。

她清了清喉嚨。

「妳媽需要大家一起幫忙，才會好轉。」她說，看著手中的衣服陷入沉思。又來了。因為我又去敲媽媽的房門，少不了要被念一頓。

「我只是要去拿莫麗絲。」

外婆停頓片刻，轉過頭來看我。

「妳都這麼大了，還玩泰迪熊？」

她的口氣好凶，我一時忘了手邊的事，不小心把我最愛的綠格子洋裝掉到地上。晚上沒抱著莫麗絲，我睡不著，它是我唯一的財產，是過去留下來的唯一一樣東西。

「那是爸送我的！」

外婆彎腰去撿洋裝的時候「啊」了一聲，好像真的很痛。她的脊椎似乎很硬，只見她手扶著背慢慢站起來，吃力地喘著大氣。她抖掉洋裝上的灰塵，繼續曬衣服。

「還有一件事，」她說：「我不希望妳跟馬修在她面前提起妳爸。那只會讓她更難過。」

爸爸是我唯一想討論的事，但從抵達加州到現在，從來沒人提起他。大家都當他不存在似的，我漸漸懷疑馬修還記不記得他。他甚至開始叫外公「爸爸」，每次外公都會提醒他，他是外公，不是爸爸。我們在羅德島的生活好像一部電影，現在電影播完了，就這樣結束了，被遺忘了。假如每個人都假裝你爸不存在，那麼他真的存在嗎？

外婆盯著我看，等著我答應她絕口不提爸的名字。跟她吵也是白費力氣，因為我一定會站在爸爸那一邊，但那樣做的後果，我想都不敢想。我當然希望媽媽好起來，不想一直把她當成心臟虛弱、兩眼無神的病人。我想要她跟以前一樣幫我綁辮子，念《小熊維尼》給我聽，帶我去雜貨店。如果這表示我只能在心裡跟爸爸說話，那我就只好照做。但是在我屈服於外婆的最後通牒之前，我一定要問一件事。

「他什麼時候要來？」

外婆從上衣口袋拿出一包菸，搖出一根；吐了第一口煙時，她的肩膀放鬆下來。她定睛望著那輛蜂蜜巴士，像在尋找給我的答案。

「妳父親不是好人。」她說，後腦杓對著我，接著示意我把下一件衣服拿給她。對話到此為止。

我咬緊牙，忍住罵她騙人的衝動。她竟敢選邊站，好像只要用她那把剪刀一剪，就可以讓我跟我爸一刀兩斷似的。我耳朵靈得很，知道她有時會跟媽提起爸的事，她們的悄悄話會從房門底下的縫隙飄出來。憑什麼她們可以談他，我就不行？畢竟他是我爸爸。我才不笨，我知道爸媽吵了一架，我們來加州不是為了來「看外公外婆」。但那不表示我爸是壞人，媽媽是好人。他是我爸，他會回來的。外婆完全搞錯了。

太陽已經西斜，蜂蜜巴士裡亮著橘黃色電燈泡，看上去很像舞台燈光。透過車窗，我看見三個人影圍著外公傳遞著巢框，在喀達喀達的機器運轉聲中扯著嗓門講話。

我躡手躡腳走上前看個仔細。車上的男人熱得脫下上衣，把衣服綁在頭頂上方的欄杆上。我聽不清楚他們在說什麼，但看得出來他們在交換笑話，互拍彼此的背，笑得前仰後合。他們看上去像武打演員，當他們舉起蜂箱、把一罐罐蜂蜜疊成高高的金字塔時，壯碩的胸肌上下起伏，汗水閃閃發亮。我觀察著他們的每個動作，甚至連他們大口喝啤酒時喉結怎麼升降都不放過，默默祈禱著他們會舉起大力水手般的手臂一揮，喊我過去。他們是外公在大蘇爾從小一起長大的朋友，是他們教外公怎麼用繩圈套住牲畜，戴呼吸管潛到水裡，捕撈虹彩斑斕的鮑魚貝（我在後院裡發現牠們的蹤跡）。這幾個大塊頭男人有著一雙大手，為外公示範怎麼用紅木蓋小木屋，怎麼抓野豬，怎麼用大型機具清理沿岸公路的落石。他們是活生生的巨人樵夫，是在荒野中自食其力的大蘇爾山地漢子。

我壓壓高人的雜草，給自己布置了一個凹洞，坐在裡面看他們工作。他們用糖蜜加熱後變黑的厚重刀片輕輕撬開蜂蠟封住的蜂巢，露出底下的蜂蜜。接著把巢框放進大型離心機裡，從左到右轉動機器上面的手把，利用兩隻手和身體的全部力量推動。我看見其中一個男人拉了好多次拉繩，最後除草機的馬達終於轟轟響起。飛輪開始轉動，嗚嗚作響，速度愈來愈快，巴士也跟著輕輕地左右搖晃。幫浦動了起來，把蜂蜜從萃取機底部往上抽進頭上方的水管，接著蜂蜜像兩條小河注入儲存桶。那過程有如奇蹟，像挖出金礦一般！

我待在那裡，直到太陽落到山脊後面、蟋蟀都出來歌唱。男人打開巴士內的工地燈，把燈掛在欄杆上，繼續工作到晚上。

我像飛蛾撲火般被那台巴士吸引。體內彷彿有一股壓抑不住的渴望，只想躲進像潛水艇或巴士那樣的密閉空間，與外界隔絕。蜂蜜巴士裡頭看起來溫暖又安全。我多麼希望那些男人邀請我加入他們的神祕俱樂部，教我用雙手創造出美麗的東西。看著他們配合無間，踩著熟悉的舞步般，傳遞滴著蜂蜜的巢框，輪流用玻璃罐把流出管口的蜂蜜接住，我的脈搏也跟著加快。看得出來，這輛巴士讓他們很開心，我相信它對我也會有同樣的效果。

我心頭一震，內心深處突然有種篤定，相信那輛巴士一定有什麼重要的東西等著我去發現，就像某個我還沒問出口的問題的答案。

而我要做的就是想辦法進去。

3 牠們互相需要，也因此而強大

一九七五年，晚春

如果不知道蜜蜂做什麼事都有計畫，你會覺得蜂巢看起來亂烘烘的。

我的探索範圍不只限於戶外，還厚臉皮地打開家裡的抽屜，在衣櫃裡翻來翻去，對外公外婆收藏在屋子裡的東西無比好奇。因為外公外婆年紀不小了，擁有的物品當然也有些年紀，我喜歡挖掘被他們遺忘在歷史角落的奇珍異寶。我發現外公當年在大蘇爾挖管線時發掘的箭頭，還在給雪松五斗櫃撣灰塵時發現一疊《生活》(*LIFE*)雜誌，封面人物有甘迺迪、貓王和世界第一位太空人。廚房的碗櫃裡，有一堆外婆試過一次、但覺得太可笑就丟到一邊的烹飪用具。

有天早上，我在水槽下的櫃子後方發現一台果汁機。我把玻璃罐卡進底座，蓋上蓋子，按下按鈕，果汁機就開始轟隆運轉。對一個沒什麼玩具、百無聊賴的小女生來說，我突然擁有了世上最神奇的機器，還有一整個廚房，裡頭擺滿裝在玻璃罐裡的神祕醃漬品。我打開食物櫃，挑了一個罐子，裡頭是看似果凍的翠綠色東西。扭開蓋子之後我聞了聞，是薄荷醬。我喜歡薄荷口香糖，還有吐司塗薄荷醬，所以味道應該不賴。於是我挖了一點丟進果汁機再加牛奶。我想起碼要兩樣東西才能做成冰沙，於是又很快搜尋一下廚房，眼睛剛好掃到排在冰箱上面的穀片。我把凳子拉過來，站上去拿下玉米片，覺得這個應該能讓飲料變得更濃稠。我按下最高速的按鈕，把三樣東西攪拌成水水、稠稠、類似牙膏的東西，再把成品倒進陶杯端去給外公。他正在飯廳觀察小鳥啄食他撒在陽台欄杆上的種子。

外公什麼都吃，雞胗也嚼得津津有味，還說牛舌好吃到讓他長出胸毛，甚至把整顆朝鮮薊都吃下肚。他還發明了一種把玉米啃得乾淨溜溜的方法：只用下排牙齒在玉米上來來回回移動，最後嘴巴像打字機的滑動架一樣回到原位。我把我的奶昔獻給他。他喝了一大口，過了幾秒鐘才想出形容詞。

「很提神！」他說，喝了口咖啡把它沖下去。「這叫什麼？」

「薄荷奶昔。」我說。

他若有所思地點點頭，手指敲著桌面，像個美食家在斟酌評語。

「妳也喝喝看。」他說，把杯子推向我。

這是在跟我下戰帖。我看得出來他在忍笑。我伸出手，但正當我要喝下去時，一陣嗡嗡聲轉移我們的注意力，化解了這場僵局。外公反射性地轉向那個聲音，尋找在空中飛舞的東西。我循著他的視線看去，只見一隻蜜蜂在飯桌上方盤旋，兩條腿從身體垂下來，停在半空中，揮著翅膀不讓自己掉下去，翅膀因為拍打速度極快，肉眼幾乎看不見。我放下杯子，用慢動作往後傾。蜜蜂看著我的每個動作，開始慢慢飛向我，忽左忽右款擺，每次擺動就靠得更近。

我的肌肉繃緊，在內心請求蜜蜂快點走開。但牠被我杯子裡的甜甜味道吸引過來，打定主意要嘗嘗看。眼看牠就要降落在杯緣上，我大力一拍。

蜜蜂發出尖銳的吱吱聲，緊張地在我們頭上嗡嗡快轉。

外公從椅子上跳起來抓住我的手臂，力氣大到幾乎可以感覺到他骨頭在使力。外公突如其來的凶狠動作把我嚇了一大跳。他從沒對我發過脾氣；每次外婆要他處罰我跟馬修，他都只是做做樣子。他靠向我，幾乎跟我鼻子碰鼻子，兩眼直視著我，一字一句吐出要說的話，每個字都像教堂鐘聲一樣清楚有力。

「絕、對、不、要、傷、害、蜜、蜂。」他一直看著我，直到確定我把話都聽進去為止。我一定是做了很糟糕的事，外公才會罵我，但我一頭霧水。蜜蜂會叮人，跟蚊子一樣，打死一隻有那麼嚴重嗎？這樣保護我自己難道不對嗎？

「牠剛剛要螫我！」我辯解。

外公豎起眉毛，一臉不敢置信。「妳為什麼這麼說？」

那隻蜜蜂現在撞著窗戶想飛出去，嗡嗡聲變得更尖銳了。我想我們或許該去另一個房間談，但一隻會螫人的小蟲橫衝直撞的景象，對外公毫無影響。我試著回答他的問題時，眼睛一直盯著那隻蜜蜂。

「因為蜜蜂本來就會螫人。」

「妳過來。」外公說。

我跟著他走進廚房，他從碗櫃裡找出一個空的蜂蜜罐。

「去拿一張紙來。」他說。

只要他變回和藹可親的模樣，要我做什麼我都願意。我跑到外婆的書桌前，從她的豪華文具中抽出一張紙，遞給外公時就差沒鞠躬。

「妳聽。」他說，用手圈住耳朵，斜著頭對著嗡嗡聲的方向。「聲音很高，表示牠很焦慮。看見了嗎？」

我循著聲音看去，只見那隻蜜蜂搖搖晃晃繞著房間滑翔，尋找著出口，最後停在飯廳面向陽台的窗戶上。

「牠在那裡！」我往前一指。

外公輕手輕腳走過去，把玻璃罐藏在背後。走到蜜蜂正後方時，他一個動作就用罐子把牠蓋住，再用另一隻手把紙滑進窗戶和罐口之間，充當暫時的蓋子。他移動腳步，手裡握著捕蜂罐，那隻蜜蜂爬上玻璃，用觸鬚敲著罐子內壁。

「好了，過來幫我開門。」他說。

我們一起走到屋外。外公沒把蜜蜂放走，反而在後階梯上坐下來，拍拍他旁邊的位置，示意我坐在他旁邊。

「把手伸出來。」

他把罐子斜放，好像要把蜜蜂放到我的手臂上。我立刻把手縮回去。

「牠會叮我！」我哀嚎。

外公嘆了口氣，擠出最後一絲耐心，接著又轉向我。

「妳不傷害蜜蜂，蜜蜂就不會傷害妳。」

我對蜜蜂的認識多半來自卡通。印象中，蜜蜂會成群攻擊人類、土狼、兔子和豬等等。

我把自己的認知說給外公聽。

「那都是假的。」他說：「蜜蜂不會攻擊人，只有為了保護家園才會叮人。牠們知道自己只要叮人就會死，所以叮人之前會發出很多次警告。」

外公又來抓我的手，但我把手背在後面，還是怕怕的。那隻蜜蜂現在生氣了，一直去撞玻璃牢房。外公把罐子放下來，仔仔細細說給我聽。

「蜜蜂會說話，只是不是用字句。妳要觀察牠們的行為，才能瞭解牠們的語言。比方說……」他舉起一根手指開始列舉：「如果妳打開蜂巢就聽見細細的咀嚼聲，表示蜜蜂正開心地忙做工。如果聽到的是轟隆的嗡嗡聲，代表牠們不開心。」

我看著那隻蜜蜂愈來愈焦躁。

「第二，」他舉起第二根手指。「蜜蜂會用頭撞妳，請妳離蜂巢遠一點。那是請妳離開的客氣警告，這樣牠們就不需要螫妳了。」

我漸漸發現外公對蜜蜂的瞭解可能異於常人。他每天跟蜜蜂相處，大概知道牠們在想什麼。但那不表示我想要蜜蜂在我身上爬啊。我相信外公不會做傷害我的事，但那隻受困的蜜蜂我就不知道了。看起來牠已經氣炸了。外公又伸手把罐子拿到我面前，我搖搖頭。

「在蜜蜂周圍絕對不要害怕。」他說：「牠們感覺得到恐懼，那會讓牠們也害怕起來。相反地，如果妳很平靜，牠們也會平靜下來。」

「我還是很害怕。」我輕聲說。

「這隻蜜蜂其實比較怕妳。」他說：「這麼小的生物處在這麼大的世界裡，有多可怕，妳能想像嗎？」

說得對，我不會想跟牠交換。知道蜜蜂也會害怕，讓我的恐懼稍微減少了。我知道我不會傷害牠，但蜜蜂可無法知道這一點。我非常慢、非常慢地伸出手。

「準備好了嗎？」

我點點頭，看著蜜蜂在罐子裡摔了個四腳朝天，六條腿掙扎著要爬起來。

「蜜蜂很敏感，所以不要突然移動，也不要發出太大聲音，好嗎？妳要把動作放慢、聲音放輕，讓牠們覺得安心。」

我答應會保持不動，那對我很簡單，因為我害怕到不敢亂動。我試著想些可以撫平心情的事，但沒辦法召之即來。外公拿著罐子在我的手腕底側輕敲一下，蜜蜂就滾了出來。牠先定住不動，而我屏住呼吸，接著牠試探性地走了幾步。

「好癢。」我輕聲說。距離這麼近，我看到蜜蜂是由許多細小的零件組合而成，很神奇，就像手錶的內部。兩根L形觸鬚嵌在兩眼中間的額頭前，轉來轉去，嗅著空氣也拍著我的皮膚，讓我想起盲人利用手杖在腦中想像一個地方的樣子。

「牠在幹嘛？」

「檢查妳啊。」外公說：「蜜蜂的觸鬚同時具有嗅覺、觸覺和味覺。」

想像有個器官既是鼻子又是舌頭，還是指頭。牠習慣我的時候，我也習慣了牠。外公說的沒錯，這隻小蟲子不是我的敵人。我小心翼翼地舉起手，想看清楚牠的眼睛。那雙眼睛像是兩個光滑的黑色逗點，鑲在牠的頭部兩側。我觀察著那小巧完美的眼睛時，忘了恐懼，愈看愈著迷。

微微發光的翅膀上翅脈交錯。身體毛茸茸的，腹部隨著呼吸擴大並收縮。我仔細看牠的條紋，發現橘色條紋有細毛，黑色條紋則光滑無毛。蜜蜂的腳愈往下愈細，尾端有小鉤子。此刻，牠正在用兩隻前腳去摸觸鬚，大概在清理還是搔癢吧，我猜。

「怎麼樣？」外公問。

「我可以養牠嗎？」

「恐怕不行。如果妳不讓牠回蜂巢，牠會孤單而死。」

我漸漸瞭解蜜蜂跟人一樣有情緒，也跟人一樣活在一個牠們能獲得溫暖和保護的家庭裡。要是少了同伴帶來的安全感，牠們會變得無精打采。我正要問我們是不是應該把牠送回蜂巢時，牠就展開大顎，伸出長長的紅色舌頭。

「牠要咬我！」我尖叫。

「噓，別動。」外公小聲地說。蜜蜂試探地舔了一下我的手臂，發現我不是花就把舌頭伸了回去。接著，牠把下半身抬起來，飛快拍翅，快到我的皮膚都感覺到振動。之後，牠就飛走了。

外公起身，伸手把我拉起來。

「梅若蒂，不要殺任何動物，除非你要吃牠。」

我答應了他。

那天晚上我鑽進被窩的時候，媽媽已經在打呼。我清清喉嚨，希望可以吵醒她，結果沒用。我只好輕搖床鋪。

「嗯？」

「媽。」

她唔了一聲，閉著眼睛轉向我。「什麼事？」

「妳知道蜜蜂螫人之後就會死掉嗎？」

「噓，妳會吵醒弟弟。」

我壓低聲音。

「牠們的內臟會跟著刺一起跑出來。」

「很酷。」

媽媽先把身體移開，然後把膝蓋塞進我的膝蓋下，再把我拉向她的肚子。我正要吹牛說我徒手撿起一隻蜜蜂，就感覺到她的雙腿抽搐一下，她又睡著了。

我躺在床上，關於蜜蜂的疑問在我的腦子裡打轉。外公剛剛為我打開通往後院神祕小宇宙的入口。現在，我知道蜜蜂都是一大家子生活在一起，我想知道有關牠們的一切。哪些蜜蜂是父母？一個家有多少隻蜜蜂？牠們怎麼記得自己的蜂巢？蜂巢裡頭長什麼樣子？蜜蜂晚上會睡覺嗎？牠們在蜂巢裡怎麼製造蜂蜜？

外公已經向我證明靠近蜜蜂也不會被螫。我漸漸覺得，馬戲團和怪物電影強加在某些動物和昆蟲身上的可怕形象，多半是假的。外公教我跟馬修，所有生物都是神聖的，都有自己的內在世界。每天晚餐過後，我們會爬上外公的躺椅，跟他一起看他最愛的大自然節目，藉此學習各種知識。我驚訝地看著公獅子跟小獅子玩耍，水族館的章魚從水裡伸出爪子擁抱人類飼育員，大象在很深的泥坑裡挖樓梯，好讓溺水的象寶寶爬到安全的地方。我不禁想，蜜蜂會不會也跟牠們一樣善良？我能不能學會怎麼看出蜜蜂的善良？我是一個需要確認生活中自然而然有愛存在的女孩，發現自己不用等《野生王國》節目或探險家庫斯托（Jacques Cousteau）來確認這件事，簡直開心到要飛上天。動物王國的奧祕隨時都在我伸手可及的地方。那天晚上睡覺時，我們的小房間突然變大了一些些。我發現一件好事——一個加州可能會讓我開心起來的理由。

早上醒來聽見咖啡壺在爐子上噗嚕嚕響的聲音，我知道外公外婆已經起床。我躡手躡腳走出房門，推開他們房間的門。外婆正在念《蒙特利先鋒報》給外公聽，外公正在讀一本叫《養蜂採粉》（*Gleanings in Bee Culture*）的雜誌。週末，他們喜歡悠閒地度過一天。我爬上他們的四柱小床，擠在他們兩人中間，問外公可不可以帶我去看他的蜂巢。

「那怎麼行。」他說，放下手中的雜誌。「我都還沒喝我的醒腦飲料呢。」

「說得對極了。」外婆說：「法蘭克林，咖啡聽起來應該煮好了。」

外公盡責地掀起被單，套上拖鞋。他直起背脊時，我聽見他的關節劈啪響。我誇張地嘆了口氣，但沒人理我。我又有得等了。星期六和星期天，他們會在床上享用一杯又一杯咖啡，外婆把報紙從頭到尾消化一遍，念出特別重要的段落給外公聽，再加上自己的評論。通常外公到了某個程度就會厭倦，但他從不抱怨，只會用強而有力的腳趾頭夾起報紙再丟到她腿上，分散她的注意力。外婆認為這樣很可惡，外公卻覺得很好玩。

我到外面閒晃，看見馬修舉起肥短的腿在踩菜園旁邊的某樣東西。走近一看，我發現他正在殺蝸牛。看到我走過去，他露出微笑，抬起頭讓我看他踩在地上的一團黏液。他在幫外公除蟲，外公已經教他怎麼找到偷吃農作物的害蟲。蝸牛和地鼠是外公不殺生原則的唯二例外。

「噁心。」我說，看見我弟有多樂在其中，心裡有點不安。

他用拇指和食指抓著一隻蝸牛，然後放開手讓牠掉在地上。

「該妳。」他命令我。

我不理他，反而抓住他的手說：「過來，我有別的工作給你。」

他張大雙眼，蹦蹦跳跳跟著我走向蜂蜜巴士。巴士底盤有片大概一呎半長的空地。如果我們爬進去，搞不好會找到鏽掉的破洞或其他可以爬進巴士的入口。我已經試著推過每一扇窗，也用各種棍棒、螺絲起子和奶油刀插進原本是後座門把的洞，希望能把鎖扳開，但全都沒用。這是我的最後一招。我想，要是找到的洞太小，就會需要馬修的幫忙。

我先躺在地上鑽進車底，因為馬修的個性很小心，會先確認沒有危險才敢嘗試。他看著我的腿消失在車底下，等著我的即時報導。一團雜草擋住我的視線，所以我就像躺在雪地裡呈大字型一般，去除障礙。我抬起腳去摸索巴士底盤脆弱不堪的地方。金屬都生鏽了，但還是很堅固。我踢踢排氣管，它嘎嘎響了幾聲，噴得我一臉灰塵。我滑向巴士前半部，撞上一顆廢棄的輪胎。除此之外，我在巴士底下只發現一堆已經腐蝕的烹飪油罐。

我放棄了，躺著休息一下，努力思考。一定有我沒想到的方法。馬修在叫我，我轉頭一看，發現他趴在地上往巴士底下看。接著，兩條腿出現，把我弟弟框住。

「底下有什麼那麼好玩？」我聽見外公問我弟。

「梅若滴。」弟弟指著我說，還念不清楚我的名字。

外公彎下身，趴在馬修旁邊，兩個人都盯著我看。我動也不動，覺得自己被逮個正著，雖然沒幹什麼壞事，還是有點不好意思。

「妳在底下幹什麼？」

「想辦法進去。」

「妳不知道門在上面嗎？」

「門鎖著。」

「為了不讓小孩跑進去。」

外公把手伸到巴士底下，手指一勾，示意我先出來。我爬出來，他扶我站起來，拍掉我背上的灰塵，拔掉我身上的芒刺。不管巴士上有什麼，我都得再等等了。等到我再大一點，誰知道是什麼時候呢。唯一進得去的人是外公的朋友，所以我猜大概要等到我成年，那還不如算了。

「我以為妳想看蜜蜂。」外公說。

很高明的提議，因為我馬上振奮起來，但條件是我得先回屋裡吃早餐。

肚子裝滿鬆餅之後，我跟著外公走到後院。後院有六個排成一排的蜂巢。太陽照在蜂箱底部的細縫入口，照亮了蜜蜂飛進飛出的降落板。每個蜂箱都有一群蜜蜂在外面盤旋，都是覓食完畢、一有機會就飛回蜂巢的蜜蜂。我發現這些蜜蜂的嗡嗡聲跟我們在屋裡抓到的那隻不一樣。聲音沒那麼急躁，比較平靜滿足，像在哼歌。我站到最右邊的蜂箱前，離蜜蜂出入口大約一呎遠，觀察著牠們的動作。我感覺到外公把手放在我的肩上。

「別站在那裡。」他說：「看看妳後面發生了什麼事。」

我轉過頭，看見一群蜜蜂擠成一團在半空中輕晃，不願意繞過我再飛進蜂巢。加入隊伍的蜜蜂愈來愈多。

「妳擋住了牠們的飛行路線。」他說，把我拉到蜂巢旁邊。我一讓開，整群盤旋在空中的蜜蜂有如彗星咻地飛回蜂巢。我跪在蜂巢旁邊，眼睛跟蜜蜂同高。只見牠們一隻接著一隻踏進入口，清清觸鬚，腳一蹲就像噴射戰鬥機發射出去。

「妳看見什麼？」

「好多蜜蜂來來去去。」我說。

「再仔細看。」

我看見的還是一樣的畫面。蜜蜂飛進來、飛出去，數目多到我很難一次只盯著一隻蜜蜂看。外公從後口袋拿出一把梳子，動作熟練地刷著頭髮，頭頂和兩邊共三次，等著我發現我應該發現的事。接著，他指指蜜蜂的降落板。「黃色的！」他喊。

但我只看到蜜蜂。

「橘色的！灰色的！又是黃色！」

後來我終於看到了。飛回來的蜜蜂有些後腳不知黏著什麼東西。每五到六隻蜜蜂，就有一隻帶著小球搖搖晃晃地飛回來，就像你最喜歡的毛衣上起的小毛球。有些不比針頭大，有些跟小扁豆差不多，壓得蜜蜂飛都飛不穩。

「那是什麼？」

「花粉。從花朵上面採來的。看顏色，妳就知道是什麼花。黃褐色是杏樹，灰色是黑莓，橘色是罌粟，黃色最有可能是芥末。」

「花粉是要幹嘛的？」

「做蜜蜂麵包。」（譯註：原文為bee bread，這裡直譯以傳達原文的一語雙關，一般又譯「蜂糧」）

他一定是在鬧著我玩。蜜蜂怎麼可能會烤麵包，牠們只會製造蜂蜜，這連三歲小孩都知道。

「外公！」

「怎麼？妳不相信我？」

「不相信。」

「隨便妳。蜜蜂把花粉跟口水及花蜜混在一起，餵給蜜蜂寶寶吃。這就是蜜蜂麵包。」

聽起來雖然有點道理，但還是很詭異。我等著他忍不住笑出來，但他還是一臉嚴肅。之前，他說蜜蜂就算爬在我身上也不會有危險時是認真的，所以我想這次他也沒騙我。只好暫且相信他。

「牠們在裡面做麵包？」

「牠們把腳上的花粉弄下來，跟花蜜一起嚼一嚼，再放進蜂巢裡儲存起來。」

「我可以看嗎？」

「今天不行。現在牠們正在用蜂蠟建造新的蜂巢，我不想打擾牠們工作。」

就在這個時候，我看過最肥的一隻蜜蜂從蜂箱裡笨重地飛出來。牠比其他蜜蜂都來得粗壯，一雙大眼睛幾乎占滿整顆頭。我看著牠飛向幾隻一般大小的蜜蜂，用觸鬚碰碰牠們的觸鬚。被碰觸的每隻蜜蜂都往後退、繞過去，好像被撞很不高興。

「那是蜂后嗎？」

外公把牠抓起來放在掌心。「不是，這是雄蜂……男生蜜蜂。牠在討食物。」

我問外公牠為什麼不自己去找食物。

「男生蜜蜂什麼工作都不做。妳看到那些帶花粉回來的蜜蜂，全都是女生。男生不用去採花粉或花蜜，不用餵寶寶，不用製造蜂蠟或蜂蜜。牠們甚至沒有刺，所以也沒辦法保護蜂巢。」

外公把雄蜂放回入口，讓牠繼續討食物。終於有隻飛回蜂巢的女生蜜蜂停下來，跟牠碰碰舌頭。外公說那是在餵牠花蜜。

「牠只有一項工作，等妳長大一點，我再跟妳說。」

外公在養蜂場旁邊放了兩個樹樁，我們坐在樹樁上看蜜蜂，就像在看火或看海。蜜蜂的個別動作合為一個流程，看了會讓人心情平靜下來。我喜歡去解釋牠們例行工作中的規則，瞭解牠們不是漫無目的地亂飛；所有動作底下都蘊藏著一種秩序。牠們出去添購麵包和花蜜了。如果不知道蜜蜂做什麼事都有計畫，你會覺得蜂巢看起來亂烘烘的。

我很驚訝蜂巢是女性主宰的世界，一個沒有國王只有王后的城堡。工蜂都是女生，大約有六千個女兒負責照顧牠們的媽媽，餵牠食物和水，在夜裡替牠保暖。沒有蜂后負責產卵，蜂群就會衰亡。但是少了女兒的照顧，蜂后也會餓死或冷死。

牠們互相需要，也因此而強大。

4 不自憐自艾，也不輕言放棄

一九七五年，夏天

一個嗡嗡作響的力場將我包圍，沒人看得到我，也沒人需要替我難過，我覺得好安全。

外公外婆很幸運就住在卡梅谷小機場的隔壁，雙人座小飛機一個月會起降很多次。小機場不過是一片沒鋪柏油的簡易機場，只有一條跑道和一條滑行道，沒有燈光、柵欄，更沒有任何安全防護措施。沒有指標或牌子可指引飛行員，破破爛爛的風標也早已廢棄不用。飛行員得用無線電聯絡看得見跑道的鄰居，問他們當時的風向。

我們一夕之間沒了家，跟以前的玩具和玩伴相隔千萬里，我跟馬修不得不利用手邊找得到的材料，自己發揮創意找樂子。我們用外婆的撲克牌蓋金字塔，用鳥飼料引誘小鳥，但有真正飛機起降的機場，對我們來說，是什麼都比不上的超級娛樂。

只要聽到螺旋槳轟隆隆地逼近，馬修就會放下手邊的事，衝出門尋找飛機的蹤影。他瘋狂迷上那些飛機，每次看到飛機靠近就會激動地跑去找外公，拉著他的手，催他帶我們過馬路。這樣我們就能站在跑道旁邊，感受飛機從天空呼呼降落時風掃過全身的快感。

有天下午，我們又聽到引擎接近的聲音，但外公那天到大蘇爾工作去了，沒人可以帶我們過馬路。現在常常只有我們姊弟作伴，兩人漸漸有了某種相依為命的默契，而且有時候，有人一起做壞事膽子會更大。我跟馬修遲疑了一下下，回頭看看靜悄悄的屋子，相視一笑就一溜煙衝過馬路。我們氣喘吁吁地跑上小斜坡，抵達跑道時，飛機剛好在頭上盤旋。

這次馬修想要更近一點看，所以我們爬到兩條跑道的中間，在草地上坐下來，等飛機從我們頭頂飛過去。我摘下一朵芥子花放進嘴裡，之前我看過外公這麼做。我也摘了一朵給馬修，但他皺皺鼻子。螺旋槳的聲音愈來愈近，像雷電拍打著空氣。馬修抓住我的手，我們展開四肢躺在地上，望著天空。

當飛機的機腹離我們不到二十呎、從頭上飛過去時，轟轟的引擎聲震動著胸口，我們不禁放聲尖叫，又興奮又害怕，彷彿在坐雲霄飛車一般。我無法想像，當飛行員在降落前的最後一刻看見兩個小孩冒出來是什麼感覺。我們朝天空揮手，天真地希望他會看到我們。他大概會心悸吧。

我們從地上坐起來，看著飛機吱聲彈跳幾次，然後安全降落，滑向跑道盡頭。那一頭停了幾架類似的飛機，機翼用鐵鍊鎖在地上。

就在這時候，葉片仍轟轟響的飛機一個迴轉，慢慢朝我們逼近。滑到一半時，飛機停住，飛行員走下來對我們大喊。我們聽不到他說什麼，但聽出那是大人想「跟你談談」的語氣，絕不會錯。我們跳起來拔腿就跑，還沒數到十就跑回小紅屋後面，弓著身體拚命喘氣。我希望飛行員不會看到我們跑回哪棟房子，心裡也暗自發誓絕對不再做這種事。

呼吸恢復平順之後，我們裝作沒事一樣走進廚房。外婆正在用電烤盤烤東西。她很久以前開始就不再使用烤箱，堅稱溫度旋轉扭有瑕疵，讓她總是把東西烤焦。於是烤箱成了一個桌面，上面放著不比披薩盒大的方形電炒鍋。儘管她咒罵的次數少了很多，早午晚餐還是會燒焦或過熟。

「你們兩個去哪了？」她問，背對我們拿著小鏟子猛刮。我用手指按住嘴巴，提醒馬修不要說出來。他點點頭。

「就在外面，沒去哪。」我說。

「別跑太遠，晚餐快好了。」

「我們看見一架飛機！」馬修興奮大叫。小小孩就是控制不了自己。我趕在對話繼續下去之前抓住他的手，把他拉向客廳，邀他一起蓋一座堡壘，轉移他的注意力。

外婆家有那種感覺跟凱迪拉克汽車一樣長的沙發，兩個長條形椅墊拆下來當牆壁剛剛好。我們拆下黃色沙發椅的座墊，拿來當屋頂，在電視機前面搭起一間小屋，還留了小洞，好坐在裡面看電視。那幾乎就像在黑漆漆的電影院看電影。我們窩在裡頭看馬修最愛的節目《緊急狀況！》，劇情是兩名洛杉磯的救護員帶著裝在箱子裡的醫院電話去救車禍傷患，大都是用電擊板把人救活。

「電視太大聲了！」外婆從廚房裡喊。

就在這時候，電視上有輛車爆炸，音量超大。

我躺得正舒服，懶得拆下一面牆壁，再爬到電視前面把音量轉小。

「去把音量轉小。」我對馬修說。

他不甩我。最近馬修對我的崇拜愈來愈淡，讓我覺得有點不安。主要有兩個原因：第一，他再也不聽我的命令。前幾天他甚至不肯像以前那樣，讓我把媽媽珠寶盒裡的項鍊和手鐲戴在他身上。更糟的是，他是我唯一剩下的家人，想到他也會離開我，實在難以忍受。我盡量不把他愈來愈獨立看作是對我的反抗，畢竟那是成長的必經過程。但我很怕其中有更深一層的意義：有一天，他就不需要我了。馬修有天會離開我的可能讓我太害怕，因此我更急著要他乖乖聽我的，讓他知道不聽我的話會有什麼嚴重後果。所以，如果他不去把音量轉小，那也別想待在小屋裡。我往最近的椅墊一敲，我們的堡壘瞬間崩塌。馬修生氣地大吼大叫，踢著腿要從廢墟裡掙脫出來。

外婆走進客廳，用毛巾擦擦手，瞪我們一眼，那個眼神表示我們把她惹毛了。她走去把音量轉小，就在這時，我們聽見前門傳來敲門聲。

訪客敲了多久的門，我們並不確定。十之八九是來跟外公買蜂蜜的顧客，沒先聯絡就抱著空玻璃罐跑來。但外公不在家，無論敲門的人是誰，都得把罐子擱在門邊，在裡頭塞支票或現金，等外公回家把蜂蜜裝罐、放回門邊，再讓他們回來拿。

外婆打開門，我看見她的背一僵。

然後，她轉頭大喊媽媽的名字：「**莎——莉！**」

我聽到房門軋的一聲，媽媽穿著皺巴巴的運動長褲和T恤輕步走出來，這身衣服就是她的睡衣。

「媽，用不著那麼大聲。」她說，在午後陽光下眨著眼睛。她走到外婆背後，一手放在門把上，身體往前傾，接著馬上後退一步。

「大衛。」她說。

聽到男性低沉的聲音，我脖子後面的寒毛都豎起來。

是爸！

我內心偷偷思念爸爸的地窖猛然打開，全身毛細孔都在大鳴大放。六個月以來，我在寂靜夜裡的禱告終於實現，如今一切很快就會恢復正常。我就知道！

我關掉電視，爸爸絲綢般的溫柔聲音飄進客廳，將我緊緊包住，往他的方向拉去。我就知道他會來找我們。我們終於可以回家了。媽媽會再快樂起來，我跟馬修又可以睡自己的房間了。我看看弟弟，他盯著地板開心地跳上跳下。

「爹地，爹地，爹地，爹地！」他唱著。

我跳著跑向爸爸聲音傳來的地方，但媽媽和外婆不肯讓開或是把門開大，所以我只看到一點點爸爸的身影——他的皮革帆船鞋的側邊、一小片漆黑的頭髮。我從門縫看出去，瞄見我們家那輛綠色富豪停在車道上尤加利樹的旁邊。我心想，**如果他一路開車來這裡，他一定很希望我們回去**。

「你有把我的移動式洗碗機帶來嗎？」媽媽問：「還有小孩的玩具？」

我拉拉外婆的袖子，但她沒反應。我輕拍媽媽的背，也沒反應。

我爸開著媽媽的富豪車橫越美國，只為了把車還給她。沒人事先跟我和馬修提到這件事。他在太平洋叢林市的奶奶家住了一晚，隔天請她開車跟著他到外公外婆家，把車子停在幾條街外，之後好載他去機場。他預期在外公外婆家可能會有火爆場面，他不希望奶奶看到，因此兩人說好，等他還完車就自己走路到村裡一條有雜貨店、理髮店、銀行和餐廳的街上，她會在那裡的停車場等他。

這些我完全一無所知。當爸爸突然出現在外公外婆家門前時，我以為他是來接我們的。結果外婆擋住門，不讓他進來；我在一旁看得目瞪口呆。

不對勁。爸爸一定知道我們在裡面，為什麼不進來？為什麼要在外頭站這麼久？她們為什麼不讓他進來？外婆的每句話都很簡短，語氣跟她評論報紙上的政治人物一樣嫌惡。我聽到爸爸喃喃說話，好像在道歉，空氣中飄著濃濃的怨恨。他們的聲音愈來愈響亮、狠毒、尖銳。想起我們在羅德島的最後一晚，我全身肌肉繃緊。接著，媽媽失控大吼。

「你怎麼能這樣對我？」她尖叫：「你難道不管自己的小孩嗎？」

爸爸的手倏地閃進屋裡，把車鑰匙丟進外婆手中。她把鑰匙圈往寫字桌一丟，彷彿那是她碰都不想碰的臭鞋。媽媽走出門去跟爸爸談，外婆便關上門，屁股往後一頂，確保門有門上。她還按下門把的按鈕，把門鎖上，然後拍拍手，像完成了一件事，或是拍掉手上的麵粉。她連看都不看我們一眼就走回廚房，宛如什麼事都沒發生。

一切都發生得太快。我聽到媽媽在外面吼爸爸。雖然我不懂「離婚」是什麼意思，但我聽得出她對他破口大罵時決絕的語氣，從中我瞭解了自己該知道的事：我爸媽之間的問題已經無可挽回。

「你不想要自己的小孩嗎？」她哭喊。

馬修張大眼睛看著我，在我臉上尋求確認。我上前一步，他抱住我的腿。

我聽見爸爸的聲音變得跟媽一樣大聲，他們就像兩隻狗在互相狂吠。熟悉的恐懼感壓住我的胸口，我知道如果我不走出那扇門，可能就再也見不到爸爸了。這是我唯一可以讓他改變想法的機會。也許只要他看到我，只要我求他，他就會留下來。他都來到我面前了，我不能試都不試就讓他轉身走掉。我衝向門口，打開門時剛好看到爸爸步上車道正要往回走。媽對著他的背嘶吼，左鄰右舍都隨著她的怒吼聲震盪。

「你給我聽好：**你一定會後悔！**」

我張嘴想要尖叫，但聲音被蜘蛛網纏住；我想跑，但兩腿被鐵鍊綁住。媽媽抱起馬修在爸爸後面跑，痛罵他拋妻棄子。

我的腦袋和身體不知為什麼分開了，我再也分不清什麼是真、什麼只是我的想像。爸爸看著前方繼續跨步。他快走到馬路上時，我兩腿的血液又開始流動，我飛也似地衝到車道盡頭，媽媽抱著馬修站在車道上，看著爸爸走遠。她已經安靜下來，無聲地站在原地，彷彿也搞不懂眼前究竟發生了什麼事。

我的腦子瘋狂轉動，尋找一個解釋。接著，突然我找到一個簡單的答案，一絲希望翩然降下，落在我的肩膀上。這一切都是一場噩夢。自從搬來加州之後，我就開始做噩夢，所以我努力說服自己，定會從這場噩夢中醒來。

爸爸每往前一步就變得愈小。我走去追他，媽卻伸手把我抓回來，用指尖按住我的胸口，我感覺得到裡頭要傳達的訊息：妳也無能為力了。我意識到快來不及了，脈搏隨之加快。這是真的，爸爸要永遠離開我們了。

熱淚湧上我的眼眶，爸成了模糊的一片。我從不知道自己可以哭得那麼傷心。我錐心蝕骨地陣陣抽泣，眼淚都滴到人行道上，留下深色的小圈圈。馬修在媽媽的懷裡轉過身，想看我怎麼了。他也許不會記得這一天，想到這點我哭得更慘。

聽到我的聲音，爸爸轉過頭，開始往回走。我暫停呼吸，屏息等著。走到我面前時，他單腳跪下來抱住我，用力到我都快喘不過氣。我聞到他身上那種帶著葡萄乾味道的甜甜汗水味，還感覺到他在發抖，好像全身都在哭泣。我看了看他，彷彿從來沒見過他，重新把他手臂上的黑毛和手錶上的金色伸縮錶帶都記在腦海裡。婚戒在他手指上留下一圈顏色，但戒指已經不見了。

「我永遠都是妳爸。」他在我耳邊說。我任由自己在他的胸口融化，這樣就感覺不到自己有形的輪廓。我想叫他不要走，卻已經泣不成聲。我什麼都控制不了，連話語也是。

「我愛妳。」他說，又抱了我一下才放開手。他站起來，看了媽和馬修最後一眼就開始走回康騰塔路。媽拉拉我的手。

「我們走。」

我甩開她的手，跟在爸爸的後頭。一直走到隔壁鄰居的房子，我才發現自己無能為力阻止他愈縮愈小、愈走愈遠。

媽把我丟在原地，抱著弟弟跑回屋裡。

我站在馬路上看著爸爸走到轉角，然後左轉，消失在視線之外。我把視線定在一點，使出全身的力氣盯著爸爸剛才站立的位置，好像靠念力就能把他帶回來。結果我因為太用力，反倒開始頭暈，好像要昏過去似的。

命運從此拍板定案的感覺重壓著我，我踉踉蹌蹌走回家，全身痲木，甚至感覺不到腳下的地板。我需要媽媽，只想縮起身體躲進她懷中，聽她告訴我這只是噩夢。我想要她告訴我，爸爸只是要去雜貨店，一切都會沒事的。一定還來得及，還有第二次機會。我在屋子裡跑來跑去尋找她的蹤影，最後在關上的房門前停住。

我敲敲門。

「媽？」

她沒出聲，所以我慢慢轉動門把，推開一個小縫。一縷菸味飄散出來。

「媽？」

我聽到她在被窩裡翻身的聲音，但沒看到她人。

「梅若蒂，現在不要找我。」

她從黑暗中伸出蒼白的手，把香菸放進床頭櫃上的菸灰缸按熄。我知道她在趕我走，但我的雙腳杵在門檻上動也不動。她嘆了口氣，一手掀開被單，身體坐起來。她靠向我，一個在迷濛的煙霧中移動的黑影。我滿懷期待地舉起手。

她關上了門。

我膝蓋一軟，突然間重心不穩，靠在牆上撐住身體。

「梅若蒂！是我聽錯了嗎？妳不會是在吵妳媽吧！」外婆大聲喊，蓋過電烤盤的嘶嘶響聲。

我腦中的爬蟲類本能發出一個指令：逃！我想消失，逃離所有人、所有事，爬進一個黑洞大聲尖叫。我扶著牆壁一推，從廚房飛奔出去，奪門而出。

我聽見尤加利樹的細長葉子迎風沙沙作響。這棵大樹長得比我們的小屋還高，夏天的花好像一夕之間就開了。外公的蜜蜂在奶油香味的花叢裡像發了瘋，這裡摸摸、那裡找找，滾下一球球黃色花粉。幾千幾萬隻蜜蜂同時出動，聽起來就像頭頂的電線嘶嘶燒了起來。

我突然有股不可抑制的衝動，想跟蜜蜂靠得更近。

我的雙腿逕自走向那棵樹，伸手去摸樹幹上凹凸不平的樹皮，感覺到微微的脈動，彷彿音響喇叭傳出來的聲波。接著，好像有人在控制我的肌肉一樣，我看著自己踩著運動鞋的右腳卡進兩根樹幹中間的深溝，然後一步一步往上爬，離轟嗡嗡的聲音愈來愈近，最後完全隱沒在一大群蜜蜂之中。

我躺進最高樹枝的轉彎處，看著蜜蜂在我面前飛馳，像斜斜的雨絲。牠們心無旁騖地享用著免費的自助式大餐，幾乎沒發現有個女孩擋在牠們中間。這麼近看，我發現尤加利花長得像迷你草裙，上面有個硬殼，外圍是一圈細緻的鬚鬚。蜜蜂在花朵中間泅泳，腳奮力扭動，像在游自由式，為自己塗上一層黃色粉末。

蜜蜂圍繞著我，歌聲變得更響。我一動也不動，讓蜜蜂習慣我的存在。有隻蜜蜂停在我的腿上時，我只是看著牠，屏住呼吸，等到牠飛走。兩次、三次之後，我漸漸相信牠們只是在休息，不會傷害我。

我觀察蜜蜂把花粉粒推到後腳，把顆粒捆成一個緊緊圓圓的鞍囊。我發現牠們用前腳把眼睛和觸鬚上的花粉掃下來，從前到後，先清理三角形的頭，再把細粉從身體推向腹部，最後推到後腿，把黃色粉粒塞進兩個專門用來放花粉的凹袋。牠們從容不迫，把花粉都包裝妥當之後，才飛回蜂巢，儲存在蜂巢的食物櫃裡。

我吸了一口尤加利樹的薄荷腦味，感覺自己的稜稜角角逐漸消失。一個嗡嗡作響的力場將我包圍，沒人看得到我，也沒人需要替我難過，我覺得好安全。在這上面，我不再是個失去爸爸的女孩，不再有個媽媽臥床不起。蜂群讓我隱形。我閉上眼睛，讓蜜蜂的聖歌哄我入睡。

太陽下山了，蜜蜂也回家了，但我仍待在樹上不想下去。底下只有混亂，但在上面這裡，蜜蜂化混亂為秩序。在這裡，有一種生物渾然不覺籠罩我們家的低氣壓，過著自己的生活。蜂群提醒我，這世界比我們家面臨的問題還要大很多。我喜歡如此接近這些全心投入工作的生物。牠們有著與生俱來的強大生命力，不會自憐自艾，也不輕言放棄。

我感到一股難以解釋的衝動，想要接近蜜蜂。從深層的意義來說，蜜蜂教我照顧好自己有多重要。我用自己的雙眼發現，即使對昆蟲來說，認輸都不是理所當然的選擇。蜜蜂讓我知道，我可以選擇要過什麼樣的生活。我可以因為承受不了家庭破碎的傷痛而徹底崩潰，也可以擦乾眼淚，繼續往前走。

1974 年，外公來羅德島新港市看我們。我四歲。

1974 年夏天，外公、馬修跟我在羅德島新港市。

1971 年，我跟媽媽在羅德島新港市。我剛滿週歲。

1975 年，我跟弟弟馬修剛搬進外公外婆在卡梅谷的家。後面就是後來我為了更靠近蜜蜂而爬上去的尤加利樹。

1976 年，外公、馬修跟我在卡梅谷。我抱著哈洛，外公抱著麗塔。

外公外婆在卡梅谷康騰塔路上的小紅屋。

每年春天，外公都會捕到分封的蜂群。這是他 1994 年從太平洋叢林市的某棵樹上帶回來的。

1988 年，外公外婆慶祝結婚二十五週年。

蜂蜜巴士。原本是 1951 年為奧德堡軍事基地製造的軍用車。1963 年，外公跟大蘇爾的朋友買來之後，拆掉車上的座位，把車子改造成蜂蜜裝瓶廠。（Jenn Jackson 攝）

蜂蜜巴士的左側。前面鋪的木板充當通往車後門的階梯。中間的小塔是燒水的瓦斯鍋爐，外公用橡皮管將水蒸汽送到車上的「熱刀」上，用來刮蜂巢。（Jenn Jackson 攝）

蜂蜜巴士內部。前面是搖蜜機；搖蜜機後方是兩個蓋著棉布的蜂蜜儲存桶。右邊角落的油罐用來裝蜂蜜給大量購買的顧客。（Jenn Jackson 攝）

搖蜜機，又稱萃取機，利用離心力將蜂蜜從已經刮除蜂蠟的巢框上搖下來。滑輪是外公從除草機拆下來的馬達（包在塑膠袋裡）帶動的。（Jenn Jackson 攝）

1986 年，外公在巴士上拿起一片巢框。

一隻蜜蜂張開大顎，用吸管似的口器吸取一滴濺出來的蜂蜜。

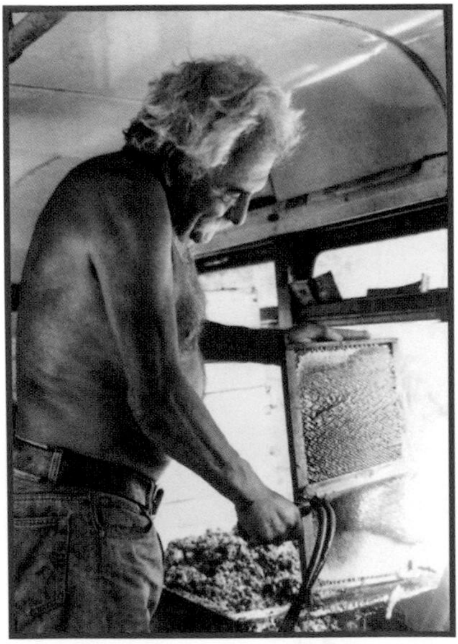

1986 年，外公把巢框放進搖蜜機之前，先刮下外層的蜂蠟。

開車前往外公的養蜂場途中，從層層疊疊的格拉帕塔峽谷望出去的太平洋。

大蘇爾帕羅科羅拉多峽谷的典型小木屋。外公把大量蜂蜜從這裡運送回家。

前往外公的養蜂場的危險山路——大蘇爾的格拉帕塔峽谷。

1960 年代中，外公在格拉帕塔的養蜂場。

葛萊姆斯牧場的家庭聚會。大蘇爾最早的住宅之一。外公跟他的親戚也在這裡養蜂。

葛萊姆斯牧場的海邊放牧草地。（Jenn Jackson 攝）

5 蜜蜂來到世上的唯一目標就是守護家庭

一九七五年，夏天

每隻蜂后都有自己的味道，她的女兒絕不會忘記那個味道。

我待在尤加利樹上的時間愈來愈多，甚至開始把午餐帶到上面吃。就算有人發現我老是不在，也沒人說什麼。我很確定不管我去哪裡，根本沒人會注意。除了一個人。

手上的花生醬果醬三明治還沒吃完，我就聽到一個怪聲。我敢發誓是貓頭鷹在叫。我扭過頭，東張西望，但尤加利樹迎風發出沙沙細響的細長樹葉，形成了一面簾幕，很難看出究竟。

「呼！呼！」這次更大聲。我把最後一口三明治塞進嘴巴，爬到低一點的地方，好看個清楚。

是外公。我看見他躲在他放工具的小木屋後面，用手圈住嘴，把鳥叫聲傳到我這邊。

他戴著防蜂面網，在學貓頭鷹叫。

「我知道是你，外公！」我對他喊。

「呼呼，妳怎麼知道，呼呼，不是貓頭鷹，呼呼？」

「我看到你了。」

他站出來，露出全身，抬頭看著樹梢。我們打量著對方，等著下一步棋。外公清清喉嚨。

「妳在上面幹嘛？」

「看蜜蜂。」

「要下來了嗎？」

「不要。」

外公摘下面網，慢慢摺成四方形。「真可惜。」他說。

我沒答腔，等著看他在打什麼算盤。

「我需要有個人幫我找蜂后。」

機會來了！我期待已久的邀約——打開蜂箱。外公心智肚明，這個提議能把我從樹上引誘下來。

「等一等！」我飛快爬下樹幹，一條條粉紅樹皮都被我刮了下來。

外公在大蘇爾沿岸放了超過一百個蜂箱。他最大的養蜂場在格拉帕塔峰的山腳下，要開四輪傳動車才到得了，有時甚至得用電鋸清除倒在路上的樹木才進得去。外公和一個養蜂的好友在大蘇爾荒野有一片一百六十英畝大的土地，他說這片土地很適合養蜂。格拉帕塔在西班牙文是「蝨子」的意思，格拉帕塔峽谷日照充足，兩邊有陡峭的格拉帕塔峰作為屏障，與世隔絕。蜜蜂每天只要飛出蜂箱，盡情享用一路綿延到山頂的山艾樹，採了滿滿的花蜜再飛回家就行了。對蜜蜂來說，這片土地就像吃到飽的自助式餐廳，鼠尾草、尤加利樹和香蜂草一年到頭供應不絕，格拉帕塔溪又提供了乾淨的水源。

每年他的蜂箱都可以生產超過五百加侖的蜂蜜，除了供應大蘇爾的客戶，還有幾家當地餐廳和一家雜貨店。他從來不用打廣告，因為蜂蜜永遠供不應求。秋天蜂蜜賣完之後，就會有顧客排隊預訂來年春天的蜂蜜。吃晚餐的時候，我聽外公講過大蘇爾的故事，簡直就像我聽過的童話故事一樣驚險刺激。我才不要坐在樹上，眼睜睜看著好不容易等到的機會溜走。

幾分鐘後，我就坐上他的貨車副駕駛座。車子顛來顛去，我把腳放在鏗鏗鏘鏘的金屬工具箱上。這台車是雪佛蘭的半噸貨車，像個老人愛放屁，以前曾經是亮晶晶的黃色，經過風吹雨打已經褪成乳白色，上面布滿鏽斑。里程表就外公的印象至少歸零過兩次，最後直接罷工。他把這台貨車的健康長壽歸功於定期換油。擋風玻璃上的蟲屍都硬掉了，還有芥末色的蜜蜂便便，想清也清不掉，因為雨刷也罷工多年了。紅色的塑膠皮椅要是有破洞，他就用膠帶貼起來；車子要是不小心撞到，他就拿大頭槌把凹洞打平。他的貨車就是會跑的跳蚤市場；養蜂或水電工作需要的工具都綁在貨架上，不然就是塞在車斗或車廂內。儀表板上堆著高高的雜物，有接管、削到只剩短短一截的油性鉛筆、橡皮筋、打開的信、一包包種子，還有零碎的蜂蠟球。用不著的槍架則掛著被水管塗料噴得髒兮兮的工作服。

我擠進他幫我挪出的小空間，跟他隔著一堆養蜂雜誌、被撞凹的便當盒，還有一只綠色金屬保溫瓶。他的狗麗塔跟平常一樣蜷在他座位下的老舊枕頭套上，免得被車上掉落的物品砸到。車子叮叮咚咚開上路，每次經過窟窿，都差點把外公哪天可能派上用場的雜物震下來，劈哩匡啷發出刺耳的聲音。

當我們從卡梅谷路南段轉上一號公路、進入大蘇爾時，大自然醒了過來，突然變得生龍活虎。四面八方都是山，高低起伏，一路下滑到大海，就像定格的土石流，但更加戲劇化。車子開在翻騰的海浪上方幾百呎高的蜿蜒小路上。我搖下車窗，聽見海獅在叫，海水轟轟地打進底下的海蝕洞。鼠尾草的強烈味道混合著海鹽味飄進車內。車子往下開進森林，氣溫一下掉了攝氏五度，巨大的紅木聚集成群，就像部落成員圍成圈圈在跳舞，接著太陽突然間又露臉。我前後左右轉著頭，什麼都不想錯過。

「那裡有一隻！」外公指著大海說。

「一隻什麼？」

「鯨魚。注意牠們的噴水口。」

我用力盯著蔚藍的海面。

「又出現了！」

外公的頭整個歪向右邊。車子驚險地左轉，我抓住扶手，但他穩穩開在車道中間，同時眼睛盯著大海。這條公路他來來回回開過太多次了，閉著眼睛都會開。

「在哪裡？」我掃視著海平面，但仍然跟一秒前一樣空蕩蕩。

「應該會再出現，差不多就在那裡。」他指著更南邊說：「有時會看見兩個噴水口，一大一小，妳就知道是母鯨魚帶著小鯨魚。」

就在這時候，一道白色水柱從海面底下射向天空，一秒後，又有一道較小的水柱噴射而出，就在前一個的右邊。

「我看到了！」我興奮大喊。

有隻紅頭兀鷹在我們頭上盤旋，展開六呎長的翅膀，翼尖的黑色羽毛就像人的手指。

大鳥飛過時，在路面上打下陰影。我把車窗搖下來一點，抬頭看牠紅色的頭，只見牠滑過一個水色如玉的小海灣，海藻在水面上搖曳著。

「這裡是捕鮑魚的地方。」外公指著小海灣說。

「怎麼捕？」

「帶著鮑魚刀潛進水裡。要很快把刀插進殼下方，不然鮑魚一發現你要做什麼，就緊緊巴住。」

「好吃嗎？」

「嗯，如果先用鐵鎚敲過。」

聽起來有點噁心。我繼續找鯨魚，但是大海又恢復平靜。

「看到那兩顆大石頭嗎？」他問我，指著兩塊突出海面約兩層樓的三角形巨石，離岸邊不到二十碼。「我有次差點撞上去。」

外公把保溫瓶的杯子轉下來拿給我，示意我把滾燙的菊苣咖啡倒給他喝。接著，他開始說起他的罐頭街釣魚故事。外公以前會自己一個人開著小艇去捕沙丁魚，再賣給罐頭工廠，但這樣很難跟義大利家族經營的大型捕魚隊競爭，而且要抓很多才有賺頭。有一天，他的朋友飛毛腿告訴他有種捕鮭魚的輕鬆方法。

「我以前從沒捕過鮭魚，飛毛腿說要教我。」

他們駕著飛毛腿二十八呎長的遊艇從蒙特利到聖塔克魯茲，抓了三十尾國王鮭魚，大約六百磅重——可以大賺一筆。回程途中，他們卻在午夜的濃霧中迷失了方向。

「因為看不見，只能聽聲音航行。沿岸不同地方的水聲聽起來都不一樣。他一直往西開，以為我們會轉進蒙特利的港灣，但我感覺得到我們只到灰狼角而已。他不肯聽我的，我們吵了起來，後來岩石突然就從我們眼前冒出來，我從他手中搶走方向舵。我們差點什麼都沒了，就差那麼一點。」他用拇指和食指拉出一吋的距離。

我問外公後來呢？

「就再也不跟那傢伙去捕魚了。」他說。

外公放慢速度，打方向燈左轉，開上帕羅科羅拉多路，成排的尤加利樹綠葉成蔭。轉角那頭，矗立著大蘇爾最早的一間古宅。那是一間十九世紀末建的三層樓小木屋，紅木板用石灰、沙子和馬毛黏在一起。周圍是一片放羊的牧場，小羊像蚱蜢般在空中跳來跳去。牧場從一號公路延伸到一片絕美的臨海峭壁草原。一群紅白兩色的海弗牛在海邊吃草，離海近到可以感覺到鹹鹹的海水噴濺上來。

「我表妹『歌后』的家。」外公說，扳起拇指往小木屋一指。

「歌后？」

「對，大家都叫她歌后，因為她從小就愛唱歌。」

「我們要去那裡嗎？」我想摸小羊。

「改天吧。」

我們繼續開在蜿蜒的小路上。過了不久，尤加利樹叢消失，宏偉的紅木出現。帕羅科羅拉多溪在馬路的一側清波蕩漾，陽光從樹林裡灑落，在溪水上方山邊的高腳屋打下圓點。多到數不清的階梯彎來彎去，從住家通到馬路。又開了一哩遠，外公轉上一條陡坡，穿過密密麻麻的樹林，爬滿常春藤的樹枝刮過車頂，柏油路變成了白堊色的泥土路。上到高原時，我們來到一片草原上，又看到了大海。

外公把車停在牲畜柵欄前，柵門用鐵鍊鎖著。他伸手從置物箱拿出一大串很像管理員拿的鑰匙圈。看來，大蘇爾每塊地的地主都給了他一支鑰匙。他撥著一支支鑰匙，嘴上念念有詞，直到找到對的那支。他下車去開鎖，解開鐵鍊，打開柵門，好把車開進去。

外公切換到四輪傳動模式，我們沿著加高的小路開下格拉帕塔峽谷，我旁邊的土地直降而下。車子轟隆隆轉過狹小的「之」形彎道時，寬度幾乎塞不下四顆車輪；當輪子輾過冬雨留下的坑洞和石子，更是顛簸不堪。外公轉著方向盤過彎時不忘按喇叭，免得對向有車開過來。有些轉彎的角度太大，他不得不三點掉頭，倒車再轉，然後再一次，才能把車整個轉過去。只要一個閃失，我們就完了。但外公好像都不擔心，即使岩石從輪胎底下滑落，滾到山坡下，他還是照樣聊天。但我看都不敢看，眼睛盯著地平線，尋找遠方夾在兩個峽谷間、若隱若現的一小片海。

開到斜坡底之後，四周都是倒下的樹木，松針像軟墊緩和了震盪。外公加快速度開過格拉帕塔溪，水淹到輪胎的一半。有顆輪胎被河裡的兩塊大花崗岩卡住片刻，外公加大馬力想掙脫出去，貨車前前後後晃得好厲害。這個考驗似乎讓他很樂，他邊踩油門，邊跟我擠眉弄眼。第三次終於成功，貨車彈起來，水花四濺，一路開到對岸。我們穿過更多紅木林，這裡的土壤比較濕，還看得到蕨類和纏繞在樹上的橘色猴面花。

最後，我們離開樹林，來到一小片開滿野花的草地，外公熄掉引擎。空地的一邊有一整排直立的白色蜂箱，每個蜂箱前面都有一小團黑點在擺動。一下車，我們就聽到西叢鴉在抱怨我們打擾了牠們。空氣聞起來跟漱口水一樣清新——混合了月桂葉、鼠尾草和檸檬香蜂草的芬芳。外公打開車門，麗塔的長長身軀就從他的座位底下飛奔出去，等不及要去樹林裡打獵。

「去吧，小傢伙！」他對牠喊著。「慢著，」他看著牠的短腿加快速度，「我身邊**還有**

個小傢伙。」

外公笑得太用力，假牙都掉了下來。他說，雖然都有固定刷牙，但他二十幾歲牙齒就蛀光了，真的牙齒都沒了。現在他睡前會把假牙放進床頭櫃的水杯裡，睡覺時，假牙就在杯子裡對著他笑。

他從車斗找出兩頂塑膠圓帽。看起來像白色的遮陽帽，帽頂還有開洞。他先幫我戴上，然後在上面加一層黃色面網，把我的臉整個遮住。接著，他用兩條繩子綁住面網，在我胸前交叉再繞過我的腰，最後綁在背上。帽子是大人尺寸，一直滑下來遮住我的眼睛，但他只有這頂。

他自己也戴好面網之後，從車上抓起一個粗麻袋，打裡頭拿出牛糞乾，扳碎後將碎片塞進噴煙器。他用火柴把牛糞點燃再蓋上蓋子，壓了風箱幾次讓火燒起來，直到煙從噴口裊裊升起。我們走向第一個蜂箱，我看見一排蜜蜂排在蜂箱底的入口縫隙，拍著翅膀。

「空調。」外公說。

他說無論天氣如何，蜜蜂都會讓蜂巢保持在三十五度。冬天，你把手放在蜂巢外面，就能感覺到熱氣從裡頭發散出來，因為蜜蜂會擠在一起抖動翅膀，發出熱氣。到了夏天，牠們聚集在入口前的降落板上，用翅膀幫助空氣流通，把蜂巢的溫度降下來。無論蜂巢位在冰天雪地，還是酷熱高溫下，溫度都保持在三十五度上下。沒有溫度計，要如何精準地調節溫度，是蜜蜂世界最大的謎團之一。

外公拿給我一把金屬工具，跟他隨時放在後口袋的檢查耙很像。一端是平的，用來刮蜂蠟；另一端是鉤子，用來把木頭巢框從蜂巢裡提起來。

「蜜蜂會把蓋子黏住。」他說，為我示範怎麼把檢查耙卡進縫隙，撬開內蓋。他說蜜蜂不喜歡冷風灌進家裡，所以會用樹汁做成膠水，用這種「蜂膠」填補蜂巢內的所有裂縫。我模仿他的動作，跟他一起把工具卡進內蓋，撬開蓋子，露出底下十個排成一列的木框。這些蜂蠟做成的長方形可拆式木框，固定在蜂箱的凹槽裡。一照到陽光，蜜蜂馬上發出響亮的嗡嗡聲——集體叫喊，警告其他同伴，家園面臨了危險。

我更靠近看，發現蜜蜂在木框之間的空隙排成一列，探頭查看發生了什麼事。牠們扭動著觸鬚，探索著不久前仍是蜂蜜儲藏室的上空。蜂巢有種熱鬆餅淋上奶油和糖漿的香甜味。外公伸出赤裸的手，提起第一片巢框，兩面都爬滿了蜜蜂，像是會動的地毯，每條織線各自獨立卻又合而為一。有些往這裡，有些往那裡，撞來撞去，爬在彼此身上，但從來不會傷到對方或引起衝突。

外公抖了抖木框，甩掉大約一半的蜜蜂，因此我看見了底下的蜂窩。那是數學對稱的極致展現。相互扣合的六角形整齊地排成一列列，每個都有六面牆與隔壁的六間巢室相鄰，節省空間也節省蜂蠟。外公還說，為了抵抗重力，每間巢室都微微上揚幾度，防止蜂蜜溢出。蜜蜂彷彿知道，在正方形、正三角形和六角形這三種互疊起來最省空間的形狀中，六角形用的材料最少，容量卻最大，可以省下最多勞力和資源。

我用指尖去觸摸幾何形狀的蜂窩。層層相疊的蜂蠟很堅固，一片巢框就能容納好幾磅蜂蜜，但蜂蠟本身又很柔軟，一壓就破了。有些凹槽裡放著閃閃發亮的蜂蜜，有些則塞了或黃或橘或紅的東西，那是蜜蜂儲存的花粉粒。外公把木框翻來翻去仔細檢查一遍，近到臉上的面網都快要擦到蜜蜂。

「找到蜂后了嗎？」我問。

外公把巢框靠在另一個蜂箱上。蜜蜂停在那裡不走，繼續在蜂巢裡巡視，好像完全不知道牠們已經被抽離家園。

「沒有，這一片儲存太多食物了，沒地方給牠產卵。牠應該在某個比較溫暖的地方。」蜜蜂多到要從旁邊溢出來，像是逐漸擴散的污漬。我反射性地退後一步。

「好，用煙噴牠們。」外公說。

我將噴煙器的噴嘴對準蜂箱裡其餘九個木框，按一下風箱，一團白煙隨即噴出來。

「繼續噴，再多一點，再更多。」外公說。

我在巢框上噴了陣陣白煙。煙有股濕雪茄的味道，會讓蜜蜂誤以為蜂巢失火了，因而火速飛進蜂窩，把蜂蜜吞進肚子再逃出火場。外公說，如果蜜蜂肚子裡裝滿蜂蜜，比較難把身體彎成螫人的姿勢。

等我把大部分蜜蜂從蜂箱頂燻走之後，他又拿起第二個巢框。外公沒戴手套，他說他被螫習慣了，還發誓說蜜蜂的毒液可以讓他避免跟外婆一樣得到關節炎。

外公又看了兩片巢框再放回蜂箱。拿出另一片之後，他單腳跪下，舉起巢框讓我看。

「看看我指的地方。」

我輕輕倒抽一口氣。一眼就能認出蜂后是哪一隻。牠那優雅的圓錐形身體是其他蜜蜂的兩倍大，腳也更長，像蜘蛛的腳。牠的腹裡有好多卵，走起路來顯得很笨重。

一群蜜蜂像是為大明星開路的保鏢，圍在蜂后周圍保護牠，為牠清出一條路。牠匆匆越過蜂巢，像在趕時間。其他蜜蜂一看到牠就興奮不已，立刻靠過去用觸鬚撫摸牠，甚至用腳包住牠的頭，像在擁抱牠一樣，可見牠有多尊貴。奇怪的是，沒有一隻蜜蜂背對著牠。蜂后移動時，接近牠的蜂群都會面向牠重新排列，甚至倒退一些，好讓眼睛和觸鬚鎖定牠的一舉一動。種種行為只能用**崇拜**來形容。

「牠們為什麼要這樣碰牠？」

「牠們在收集牠的特殊氣味再傳給其他蜜蜂，」外公說：「這樣蜜蜂就能辨認自己的蜂巢。每隻蜂后都有自己的味道，牠的女兒絕不會忘記那個味道。」

媽媽身上確實都有一種香味。我媽的味道是查理香水和Vantage香菸，夾雜著教堂二手店衣服上的微微麝香。那種味道獨一無二，無論何時鑽進被窩，馬上能聞到。我想起了此時此刻在床上消磨時間的媽媽。我多麼希望她能看到這隻蜂后。這神奇的昆蟲天生就是完美的母親，在我們眼前運作無瑕的社會都靠著牠才存活下來。媽媽置身的四面牆壁之外，有那麼多有趣的事，她卻錯過了這一切。她的一天來了又走，卻沒有這些小奇蹟為她打起精神。

蜂后沿著蜂巢輕步緩行，像孕婦一樣煩躁不耐。牠似乎對自己獲得的矚目感到厭倦，不肯為任何一隻想觸碰牠的蜜蜂慢下來，只顧著尋找某樣東西。每走幾步，牠就會把頭埋進巢室再退出來，一間又一間不停尋找。

我問外公牠在找什麼。

「適合產卵的地方。」他小聲說：「要蓋得好又乾淨，裡面已經有卵的也不行。」

蜂后把身體擠進蜂窩檢查，只剩下屁股露在外面。牠對育嬰房很挑剔，最後終於找到滿意的一間，倒退著把腹部塞進去。蜂后在裡頭蹲了一下，隨從們靠上前，像是要告訴牠一個祕密。接著，牠把身體一撐，產下卵就離開蜂窩，仰慕者則退開讓牠通過。我仔細盯著她剛剛產下卵的那間六角形巢室，看到裡頭有個白點，像一顆迷你米粒直直立在後牆的中間。兩名隨從探頭進來確認成果。我以前從沒看過動物出生，這才發現我剛剛第一次見證了生命的奇蹟。

「牠要再重複一遍剛剛做的事嗎？」我輕聲問。

「一天大概要一千次。」外公也輕聲回答。

外公站起來，把上面有蜂后的巢框小心翼翼地放回蜂箱，免得壓到牠。他把蜂箱疊回去、關上，再移去下一個蜂箱。我看見他把檢查耙卡進第二個蜂箱的蓋子，撬開黏手的蜂膠，再把頂層的箱子轉開，放到地上，因為出力而滿臉通紅。

蜂后最讓我震驚的是，牠有那麼多女兒，似乎超出一個媽媽能掌控的數目。

「咦，外公……」

「嗯？」

「蜂后要怎麼照顧那麼多蜜蜂？」

他把檢查耙塞進後口袋，把面網拉到額頭上，露出眼睛，好清楚看到我。

「所有蜜蜂都互相照顧。蜂巢就像一座工廠，蜜蜂各有各的工作，所以是分工合作。」

我斜瞄他一眼，半信半疑地抱著雙臂。外公把噴煙器放在打開的貨車後擋板上，遠離乾枯的雜草。他蹲在一個蜂箱前面，揮手要我過去。他指著團團擠在入口、背對著外面拚命拍翅的蜜蜂。

「牠們的工作是替蜂巢散熱。」他說，接著又指指降落板上的另一隻蜜蜂。

「來看看這隻在幹嘛。」

那隻蜜蜂走來走去，好像不知該往哪裡去。這時候，另一隻蜜蜂降落在附近，踱步的蜜蜂趕緊上前，防備地蹲下來，阻止蜜蜂進入蜂巢。然後牠繞著新來的蜜蜂轉圈，用觸鬚拍拍牠，之後才讓牠通過。

「牠是守衛蜂。」外公說：「確保沒有外來的蜜蜂跑進蜂巢。」

我很驚訝。到目前為止，除了蜂后和粗壯的雄蜂，所有蜜蜂在我眼裡都毫無差別。得知辨識蜜蜂的方法就是觀察牠們的行為之後，我才發現成千上萬隻看來漫無目的亂爬的蜜蜂，原來組織那麼嚴謹。我指著降落在入口的蜜蜂。

「這些是哪一種蜜蜂？」

「外勤蜂，負責帶花粉和花蜜回來。待在蜂巢裡的內勤蜂會把牠們帶回來的東西儲存起來。」

「我可以看看嗎？」

他從蜂巢拿出一個爬滿蜜蜂的巢框。我指著一隻把頭埋在巢室裡的蜜蜂，問外公牠是不是在儲存蜂蜜。他把巢框拿近一點，輕輕對著那隻蜜蜂吹氣，把牠趕走，好看清楚蜂窩裡有什麼。

「不是。牠是育幼蜂，正在餵蜜蜂寶寶。」他放低巢框指給我看。蜂窩裡有隻小小的白色幼蟲。

外公教我愈多，我就愈加興奮。我想瞭解蜜蜂的所有一切，想跟他一樣學會辨識牠們的行為。因為一旦沉浸在蜂巢的世界裡，我的腦子就會停止轉動，我也能夠慢下來，放鬆身體，把全部精神都放在牠們身上。當我把悶悶不樂的腦袋轉向蜜蜂和牠們的行為時，心就會平靜。相信四周隱藏著強韌的生命，給了我莫大的安慰，也讓我自己的煩惱顯得沒那麼嚴重。

我學會有些蜜蜂負責造蠟，有些負責築巢，甚至有負責處理屍體的蜜蜂，抓起屍體丟到遠離蜂巢的地方。外公跟我解釋，蜜蜂一生有很多不同的工作，但每隻蜜蜂的第一個工作都是管理員，負責清理蜂巢內的殘骸，整理巢室，以便重新用來儲存蜂蜜或產卵。蜜蜂會一路往上晉升，從照顧幼蟲、釀製蜂蜜，直到最後一項工作：出外覓食。現在，我知道蜂后一天為什麼可以產那麼多卵了。她背後有一整個龐大的托育系統，只要把蛋下到巢室裡就沒牠的事了。

「蜂后連吃飯都要別人幫忙。」外公說：「有沒有看到圍在蜂后四周的蜜蜂？那是她的朝臣。蜂后渴了牠們就送上水滴，餓了就送上食物，晚上替她保暖，甚至還幫她清便便！」

「蜂后要是死了，怎麼辦？」

「蜜蜂會再培育新的蜂后。」

怎麼可能培育自己的媽媽？大自然裡從來沒有動物這麼做，我才不信。

「不可能。」我說。

「對蜜蜂來說是可能的啊。」外公說，蜜蜂一旦感覺蜂后快不行了或失蹤了，就會選出幾顆卵，開始餵牠們蜂王乳——育幼蜂的頭部腺體分泌出的乳白色超級食物，裡頭有豐富的維他命，持續吃會讓普通的工蜂幼蟲漸漸長成特大號蜂后。蜜蜂會用蜂蠟幫孵化中的蜂后蓋育嬰房，看起來很像掛在蜂窩上的帶殼花生。過了幾個禮拜，等育嬰房頂端變得跟紙一樣薄之後，蜂后就會把它咬破，然後劈哩啪啦變！新媽媽出現了。

「蜜蜂很聰明，只是一般人不知道而已。」他說。

「可是你說一個蜂巢只能有一隻蜂后。」我納悶。

外公說，為了保險起見，蜂群會養育不只一隻蜂后。第一隻破繭而出的蜂后會趕緊去把其他蜂后的巢室弄破，將競爭者刺死。外公對我挑了挑眉，故意營造驚悚的氣氛。

「真的嗎？」我不敢相信。外公讓我相信蜜蜂很溫和，但這麼看來，牠們也有可能很殘忍。我咬著嘴唇，不確定該怎麼想才好。

「我幹嘛騙妳？」外公說：「妳甚至聽得到蜂后打架的聲音。牠們決一死戰時，會發出類似鴨子叫的吶喊聲。真的，聲音就像這樣：哇……哇……哇……哇哇哇。」

把媽媽換掉……好驚人的想法。要是人類可以這麼做會怎麼樣？我想像如果有個「媽媽專賣店」，我只要走到放著許多芭比包裝盒的貨架前選一個就行了。我會選什麼樣的媽媽？我希望我媽有閃亮的金色長髮，還有類似葛洛莉亞的名字。她會穿包在蛋形塑膠盒裡的褲襪，走路時高跟鞋喀噠喀噠響。她會來我的教室，幫所有小孩完成美勞作品，在我跌倒時，幫我貼上史努比的ＯＫ繃。我想像我們開著敞篷車兜風，黃色長圍巾在她腦後隨風飄揚。她每次都會讓我選我要聽的歌，只要我想吃，就會帶我去得來速買漢堡和薯條。

外公拍拍我的肩膀，我的白日夢隨即破滅。他手上拿著另一片巢框，但這一片巢框中間的蜂窩沒有橘色的蜂蜜，反而被顏色如咖啡色紙袋的深色蜂蠟封住。他又指了指，從他的指尖看過去，我發現兩根小觸鬚從咖啡色蜂蠟中的小孔伸出，有一隻蜜蜂正要爬出來。牠在蜂蠟後面又推又咬，直到小孔大到可以讓牠把頭鑽出去。牠頭上的細毛是閃亮的奶油黃，亂亂的，好像弄濕了。觸鬚轉啊轉，探索著外面的世界。很多蜜蜂跑來摸新成員，把牠嚇得退回巢室裡。外公從地上拔了一根乾枯的雜草，用尖端把巢室的蜂蠟撥開，為蜜蜂寶寶開出一條路。牠搖搖晃晃地走出來，站了一下就展開翅膀，馬上開始跟經過的蜜蜂討吃的。過沒多久，有一隻年紀較大的蜜蜂停下來，跟牠碰碰舌頭把蜂蜜傳給牠，蜜蜂寶寶便狼吞虎嚥吃了起來。

原來蜂巢裡頭有這麼多事情發生，而我完全不知道！外公把三十個蜂箱都檢查了一遍，每一個狀況都不太一樣。有些蜂巢密密麻麻，有些看起來冷冷清清。有些蜂巢的蜜蜂焦躁不安，橫衝直撞像是神經過敏，有些蜂巢的蜜蜂與世無爭，完全無視於我們的存在。有些忙著養育蜂后，有些在儲藏花粉。有些蜂群的蜂蠟建築稀奇古怪，有些線條筆直，力求精準。有些蜂巢甚至有兩隻蜂后，蜂后決定當朋友的情況雖然少見，但偶爾還是會發生。看到這種情況，我對后位爭奪戰才稍微釋懷。我漸漸覺得，每個蜂巢都有自己的心靈，好的養蜂人會留意哪個蜂巢需要什麼樣的關注。

外公全部巡視完畢之後，太陽已經落到海平線上。蜂箱在草地上打下長條形的陰影。

我們走回貨車時，一對鶴鶉夫妻聽到我們走近，趕緊把雛鳥藏到山艾後方，匆匆逃走的小鳥像被風吹著跑的棉花球。一坐上車，外公立刻伸手到座位底下看麗塔有沒有舔他的手。確認牠也上車之後，他就發動車子上路。我們開回坑坑疤疤的黃土路，但這次我知道一切都在外公的掌控之中。

「我喜歡這裡。」我說。

「是啊，我也喜歡。在大蘇爾，腦袋可以思考。」

我懂他的意思。這幾個小時以來，我拋開所有煩惱，腦袋裡除了蜜蜂，什麼都不想。

一回到平坦的柏油路，外公指著南邊的海岸公路，說他五、六年級時，每天都要跟托洛特家的兄弟走五哩路，到比克斯比峽谷的查普曼牧場工作。這對兄弟當時還是少年，卻已經長得人高馬大。他們教外公拖運乾草、鋸紅木、幫牛烙印，還有剪羊毛，最後還教他怎麼修水電。說到這裡，外公停住片刻，好像想起了什麼事，然後又開始跟我解釋接生小羊的正確方法。

「如果小羊後退著出來，就得把手伸進去幫牠轉向。」他語氣嚴肅，好像在跟我分享有天會救我一命的事。我不忍心告訴他，無論如何，我都不會把手伸進任何動物的身體裡。

我搖下車窗，讓鹹鹹的海風灌進來。山在夕陽下變成紫黑色，一隻紅尾鷹站在電線杆上，看著我們的貨車經過。我有種奇妙的滿足感，似乎只要在大蘇爾，就不會有不幸的事發生在我身上。我一整天都在探索蜂窩的奧妙，為蜜蜂的世界深深著迷，甚至忘了心裡的悲傷。大蘇爾就像一個祕密的活動門，通往一個美好的夢境。

看著蜂后孜孜不倦為家庭奔忙，女兒爭先恐後去照顧牠，失去家庭好像也不再那麼難受了。那讓我相信母性是天生的，即使是小之又小的生物也不例外，所以媽媽有一天說不定還是會回到我身邊。即使蜜蜂每天都飛出蜂巢，但**一定都會**回家。蜜蜂來到世上的唯一目標就是守護家庭，這點毋庸置疑。蜂巢是那麼的容易預測，這對我來說是一種安慰。那是一輩子緊緊相守、永遠不會分開的家。

6 養蜂人的承諾

一九七五年，秋天

外公會為了我挺身而出，就像蜜蜂會誓死捍衛家園一樣。

外婆帶我去教堂二手店買上學的衣服，我就知道我們要在加州永遠住下來了。我是小孩，只能無奈地接受這個事實，感覺就像坐在別人掌舵的小船裡在河上漂流，看著生命的轉彎迎面而來也無動於衷。完全沒人跟我們解釋為什麼我們要永遠住下來，這在我們家是常態。我很興奮終於可以認識同年齡的小孩，但也因為內心的希望破滅而傷心。我還以為有一天我們會回羅德島的家重新開始。

二手店在教堂的閣樓上，只能從教堂後方的樓梯上去。閣樓有股霉味，光線從屋頂的幾扇小窗斜射進來，照亮飄浮在空中的微塵。外婆讓我自己挑上衣，我選了一件白色短袖襯衫，上面繡著綠色條紋。近一點看，我才發現那些條紋其實是一排排長得像四葉草的女童軍標誌。我不敢相信自己運氣那麼好，竟然挑到一件女童軍的正式制服！外婆把圓形吊衣架上的擁擠衣架推開，拉出一件長及腳踝的拼布裙，格子和印花交錯排列。看起來她好像要我穿拼布被去上學。

「這件很體面。」她舉起衣服打量。

我不確定那是什麼意思。但我知道外婆要是決定了一件事，最好乖乖聽她的話。我的上衣和外婆的裙子搭配起來是時裝界的大災難，下半身鄉村風，上半身軍事風。但是再配上一雙運動鞋，就是我開學第一天的服裝。

我第一天到圖拉西多小學報到，並沒有勞師動眾。媽媽還躺在床上，外公天還沒亮就去海岸做水電工作，外婆急急忙忙推著我跟馬修出門。現在學校開學了，早上她得提早出門把我們託給村裡的安親班，再開車去卡梅小學備課，等五年級生抵達學校。我先在安親班跟其他小孩一起吃早餐，再自己走機場捷徑去上學。

七〇年代，小孩在卡梅谷走來走去很正常。治安好，村子又小，全村都知道誰是誰家的孩子，也會幫忙留心小孩的去向。左鄰右舍的田地和住家後面有很多小路，都是小孩自己踩出來的步行動線，從便利商店到公共泳池，從圖書館到棒球場都有。所以外婆幫我安排的動線就是：早上我自己走路去小學上課，下午放學再走回安親班，在那裡跟馬修一起等她來接我們。我成了一個沒有鑰匙的鑰匙兒童。

第一天上學，我靠著路邊走，聞著野生茴香發出的甘草味，不時回頭注意有沒有車。這條街還沒醒來，大清早一片冷清，連周圍住家的小狗都還在睡，享受第一束陽光照肚臍的溫暖。我經過一個馬欄，看見兩匹小馬期待地抬起頭。要是平常，我就會停下來拔青草餵牠們吃，但今天我趕著上學去，免得第一天就遲到。我從機場切過去，終於走到學校旁邊的白色平房，看見破舊的車輪靠在門廊上。就在這時，操場傳來小孩的嬉鬧聲。那聲音多美妙啊。我站了一會兒，聽著可能跟我成為朋友的小孩發出的悅耳回音。

操場正中央擺著兩樓高的攀爬架。那是老舊的電線杆做的，兩邊堡壘用鐵鍊做的吊橋相連，小朋友跑過去時，橋會危險地晃來晃去。每次我們爬上去一定會被碎片刺到；到了夏天，熱如煎鍋的金屬溜滑梯也會把屁股烤焦。

我走到遊樂場時，男女學童在東搖西晃的吊橋上飛奔，避開橋上的缺口，橋雖然歪來歪去，他們還是站得直。大家追來追去，新一學期重新開始的敵對關係讓他們興奮不已。其他小孩從陡峭的金屬溜滑梯滑下來，大聲叫底下的人閃開。男生趴在地上，像士兵匍匐前進，穿過一半埋在土裡的大型排水管。女生吊在單槓橋上，頭髮在後方拍打，只見她們動作熟練地從一槓盪到下一槓，每次抓住吊環又放掉時，金屬就會跟著劈砰響。在玩沙場的另一個角落，女生在單槓上做體操動作。有個綁馬尾的女生坐在六呎高的單槓上，一群朋友圍在底下，喊：「死人降落！死人降落！」我看著她放開手往後倒，膝蓋勾住單槓一轉，翻一圈筋斗再落地。

我覺得指尖刺刺的，有點興奮。我和一大群小孩跟著拿寫字板的大人走去教室。學生在老師前面集合點名。我走近時，聽到大家在竊笑，馬上紅了臉。我穿得太正式了。女生大都穿Ditto牛仔褲，後口袋縫有愛心或彩虹的圖案。男生穿Levi's牛仔褲或燈芯絨短褲，T恤上不是衝浪就是愛迪達的標誌。我穿著裙子站在這裡超突兀，走路時裙襬也蓬蓬的，簡直像裙底下加了襯裙。讓老人家幫你打扮，就會有這種結果。外婆幫我選了她小時候會穿的老派服裝。

坐我旁邊的女生頭髮金得發白，在某些光線下我好像看到一絲綠色。她穿著粉紅色的亮面外套，頂著蘑菇頭，跟溜冰選手桃樂絲·漢米爾一樣。

她說她叫海莉。

「為什麼妳的頭髮是綠的？」我問。

她皺起眉頭。

「游泳池害的。」

「妳家有游泳池？」

「嗯哼。我還有彈跳床。」

她說不定還有自己的房間，房間裡還有電視。下課時，我跟著她走去踢球的場地。我是最後幾個分配到隊伍的人，換我站本壘板的時候，我的裙子太長，腿無法伸縮自如，我也沒法好好踢球。跑壘時，我只能小碎步，所以每次都會出局。海莉很有運動細胞，每次換到她，外野都會後退一點，準備接她的球。她在壘跟壘之間大步飛奔，跟男生一樣揮舞著手臂，大口喘氣。她是場上的焦點。上課鈴響起時，我跟她一同走回教室。

「妳真的很強。」我說。

「穿褲子就會比較好跑。」

我答應她我會記得。

那天晚上，我把裙子丟到房間衣櫃的遙遠角落，藏在冬天的外套後面。我得小心別再讓外婆害我丟臉，也下定決心要多注意同學的舉動，做他們會做的事，這樣才能融入。我用人類學家的眼睛觀察他們，尋找著自己想要什麼、怎麼應對的線索。我偷聽他們談迪士尼、動物園和麥當勞，學他們說俚語，記住他們唱的流行歌，還記下他們從午餐袋拿出來的東西，例如銀色包裝的果汁、可以撕成一條條的起司棒、包在保鮮膜裡的水果。海莉為我示範怎麼樣把Oreo餅乾轉開，用舌頭去舔中間的糖霜夾心。那味道超讚，就像不需要冷凍的冰淇淋。但無論我每個週六早上在超市裡嘴巴多甜，外婆都不肯買那種可笑的東西。一來她不知道那是什麼，二來價錢也貴得離譜。媽媽沒有收入，就表示我在學校只能吃免費的營養午餐。在外婆的字典裡，「免費」當然最好。

但有時候免費也要付出代價。午餐時，我排在特殊的一排，大家都知道這排的小孩是家境清寒的學生。我羨慕那些有媽媽準備午餐的人，每天都聽他們興奮地交換小熊軟糖、花生醬鹹餅，還有用柔軟的白吐司切邊做成的三明治。每天我都會拿到用錫箔紙包住、用鋁盤裝盛的加熱午餐，無論裡面是什麼，聞起來都是水煮馬鈴薯的味道，吃起來淡而無味。沒人想跟我交換灰灰的花椰菜和軟軟的魚柳條，所以午餐和之後的休息時間，我開始待在教室裡吃難吃的午餐，翻閱教室裡的讀物。老師鼓勵我去外面玩，但我拒絕太多次，最後她也放棄了。我跟她一塊在教室裡吃飯，她在桌前工作，我則坐在懶骨頭椅子上，安於彼此間的沉默。

那一年，我的成績單上在「人際關係及情感發展」方面成績很低。老師給的評語是：

上課認真，下課時間我常得「逼她出去」。偶爾會抱怨無聊——在學校或放學後都是。

我鼓勵她跟同學交換電話號碼，約同學一起玩。

我把成績單跟雞尾酒一起拿給外婆。她啜了口酒，瞄一眼成績單，說我在學校表現得不錯，之後就把成績單丟進壁爐。外公正拿著撥火棒要去撥火。他一個禮拜至少會生一次火，即使天氣不冷。我們的壁爐不只用來取暖，也用來銷毀東西。因為沒有回收車，外公外婆都把報紙、牛奶盒、破布、雜誌、面紙，丟進火裡燒掉，偶爾還有郵購目錄。看著我的成績單捲起來燒成灰燼，外婆一臉滿意，舉起酒杯像要敬酒。「誰需要朋友？他人即地獄——如果妳問我的話。」她說。

我沒跟同學交換電話，沒有同學邀我去他們家，但我也不敢邀別人來我們家。我們家緊閉的房門後面，有個不可告人的祕密。我不想把媽媽藏起來，但也不想跟同學解釋她為什麼關在房裡不出來。反正我也不確定說不說得出原因。有外公外婆卻沒有爸媽，已經讓我覺得自己像個怪胎，無法解釋媽媽的狀況，只會讓我更怪。

那天晚上睡覺時，我發現媽媽睡著了，一本紅色大書攤在她的胸前。是林達・古德曼的《太陽星座》。最近媽媽迷上了占星學，埋頭研究外婆從圖書館借回來的占星書，想從宇宙間尋找離婚的原因。我輕輕把書從她手底下抽走，免得把她吵醒。她動一下醒過來，眼睛突然張開。我看見她轉了轉眼睛又躺回枕頭上，伸手過來抓我。「沒事，過來。」

我鑽進被窩，背對著她躺進她懷裡，她縮起腳把我拉向她——我們睡覺時的姿勢。

「妳是個好女孩。」她說：「以牡羊座來說。」

媽媽把所有星座分成好人和壞人。我是牡羊，她說牡羊有點自我中心，但人很有趣，而且心地很善良。但她說最好的還是金牛座，因為她、外婆和馬修都是金牛座。不過外公也是牡羊，所以我很開心。

「媽。」

「嗯？」

「萬聖節快到了。」

學校已經出現黑色和橘色的擺飾。每班都在籌辦派對，大家討論著扮裝的事。我想扮成《綠野仙蹤》裡的桃樂絲，於是就問媽媽能不能幫我縫裙子。以前在羅德島，她幫我做過紅髮布娃娃安的造型，那次很成功。

「我沒辦法。」她說：「去找外婆。」

外婆幫不上忙。她不做針線活，而且她認為萬聖節是另一種寵壞小孩的方式。她小時候沒過過萬聖節，也沒少一塊肉。我努力跟她解釋，萬聖節是小學最重要的節日。這天你要吃多少糖果都可以，只要把不當行為推給你扮演的人物就行了。老師答應要舉辦扮裝比賽，我們還要做南瓜燈。要是我沒有扮裝，就不能參加比賽，那還不如待在家裡算了。外婆哼了一聲，提醒我這個家不是我說了算。

我沒想過要找外公幫忙，因為我無法想像他那雙大手會做針線活。就算我去找他，問題還是會丟回給外婆，但她早就要我別再拿扮裝的事煩她。

十月三十一日那天，我醒過來時仍毫無頭緒。外公已經去大蘇爾做水電。我發現外婆在廚房裡忙著把外公擦鞋盒裡的東西倒到台子上。

「過來坐在凳子上。」外婆說。

我坐下來。她把咖啡色鞋油的圓形蓋子轉開，用手指按一按，把鞋油塗在我的額頭上。

「不要動。」她說，抬起我的下巴。

「妳在做什麼？」

「幫妳扮裝啊。」她在我的眼周塗上黑色，很快就把我整張臉和部分脖子塗滿。接著，她從打掃工具櫃裡抓起麗塔的咖啡色二手項圈，戴在我的脖子上。

「在這裡等我。」她說。

我聽到她跑去她的房間開抽屜，抓著一捲米色褲襪回來。她手一彈，褲襪鬆開，然後把彈性褲襪套在我頭上，把我的頭髮全塞進去，褲腳垂在我的肩膀上。最後，她把麗塔的狗鍊扣在項圈上，再把狗鍊的另一端交給我。

「好了，這樣應該可以了。」她說，退後一步欣賞自己的作品。

外婆跟著我走到浴室照鏡子。一看到鏡中的自己，我倒抽一口氣。我看起來好像嚴重燙傷，整張臉變成巧克力色，只剩下眼白，額頭上還有黑線，眼周也畫了黑色圈圈，鼻尖上有個黑色三角形，臉頰上畫了鬍鬚。我看起來像在戶外待太久把皮膚曬傷的人，頭上戴著褲襪到處亂晃。我目瞪口呆，伸手去摸臉上的鞋油，確認底下仍是我本人。

「妳是一隻巴吉度獵犬！」

「什麼犬？」我發出無力的聲音。

「一種獵犬。」

她在雜誌上看到一篇文章，教人用常見的居家用品做萬聖節服裝。

「我看起來好笨。」我抱怨。

「我告訴妳什麼才笨。」她說：「其他國家有小孩在挨餓，妳卻在擔心萬聖節的裝扮。」

討論到此為止。我垂頭喪氣走上平常上學的路，手裡抓著狗鍊。鞋油的汽油味好重，害我有點頭暈。我在遊樂場上遇到很多公主和超級英雄，大家看到我都一頭霧水，努力要猜出我扮的是什麼。

海莉扮成芭蕾女伶，體操緊身衣外面罩了一件紅色芭蕾舞裙，搭配粉紅色芭蕾舞鞋，鞋帶交叉綁在小腿上。她舉起手遮住陽光，然後瞇起眼想把我看清楚。

「妳幹嘛把褲襪戴在頭上？」

「那是我的耳朵。」

海莉困惑地皺起額頭。

「我是一隻獵犬。」

我盯著我的鞋子。「是我外婆弄的，有夠烒。」

海莉把我手上的狗鍊拿過去。

「妳可以當我的狗。」她說：「如果有人敢說什麼，妳就聽我的指令去攻擊他們。」

這個提議好就好在，既然我是她的狗，就不用說話，不需要回答別人對我的裝扮的疑問。海莉代替我發言，說每個芭蕾女伶都有一隻狗當保鏢，就這樣。當導師要全班站在沙池裡拍照時，海莉用狗鍊牽著我，我就跪在她腳邊，當她的忠犬。這個計畫很成功，我一直戴著狗臉，直到我再也受不了那個味道，只好衝進廁所，用粉紅色肥皂粉和粗糙的咖啡色紙巾擦洗掉鞋油。最後，我把褲襪從頭上扯下來，丟進垃圾桶。

無論有多難融入，我還是喜歡上學。我喜歡學校的規律作息；鈴聲訂出美勞課、下課和說故事的時間，讓我的一天有了目標。每天放學回家，我都會跟外公講我在學校學了什麼，他會鼓勵我繼續交朋友，提醒我，要找到相處起來很舒服的人本來就需要時間。我把萬聖節發生的事告訴他之後，他給了我兩個建議：把海莉當作一輩子的朋友，然後明年戴上他的防蜂面網，扮成養蜂人。我不敢相信自己當初怎麼沒想到。

學校老師很多都是嬉皮和反骨分子，上課很自由隨性。有個老師教我們拉胚和燒陶。另一個老師為了測試我們的感應力，在紙上畫符號，然後要我們利用第六感畫下他畫的東西。因為某種原因，這個練習得在足球場進行。全班圍著老師坐成一圈，手上拿著速寫本，努力讀他的心。實驗課讓我學到可樂會害我的骨頭爛掉。老師把三杯可樂放在窗邊，一杯放雞骨頭，一杯放釘子，一杯放錢幣。每天我們都會記錄三種物品的腐壞程度。一個月內，雞骨頭先消失了，我跟萬能的上帝保證這輩子再也不喝汽水。

我等不及要去上學，看看今天會有什麼新發現。我懷著感激的心回應老師對我的關懷，只知道我想要討好他們，想記住他們教我的每件事，並且證明我的能力。

有一天，學校來了一位新的音樂老師。第一次上諾克斯先生的課，只見他坐在金屬凳上，兩腳張開，手中撥弄著吉他，彷彿正在等公車而不是一班小學生。他瘦得像竹竿，穿著牛仔褲，腳踩有著塑膠平底的黃褐色Wallabee麂皮靴，看起來很年輕，不像老師。他不時把遮住眼睛的棕色長劉海撥開，才能按對弦。每個星期三，他都會開著福斯車轟隆隆地抵達學校，上最後一堂課，那是我一整個禮拜最期待的課。到了上課時間，他會打開教室的門，將唱針放上唱盤，讓歌詞吸引我們走進去。〈Bad, Bad Leroy Brown〉的旋律飄上走廊，我們豎起耳朵，放下鉛筆，跟著吹笛人的隊伍走向音樂教室。諾克斯先生不會放〈Puff the Magic Dragon〉那種讓我們靜下心來的開心音樂，他讓我們聽真正在收音機播放的歌曲。

諾克斯先生還讓我們自己挑樂器，女生多半會選聲音柔和的長笛或木琴，我卻跟男生搶著打鼓。他讓我們製造噪音，不像其他老師會吹哨子制止我們。他也不會在黑板上記錄誰不乖。他認為，將卓越的音樂品味灌輸給我們這些可塑性高的小孩，是他的使命，還放自己收藏的唱片給我們聽。有一天，他翻了翻他的唱片箱，拿出一張唱片讓全班看。

「有人知道他們是誰嗎？」

我認出走在斑馬線上的披頭四，身體一僵。那是爸爸的音樂。突然間，我全身冒汗，腳下的地板好像傾斜了。諾克斯先生拿著那張《艾比路》，揚起眉毛，看看班上會不會有人認出來。我跟另一個男生舉起手。

「只有你們兩個？」

諾克斯先生環視教室一圈，享受答案揭曉前的時刻，等著轟炸我們這些純真的心靈。他走向唱盤時，一臉飄飄然。只見他虔誠地把黑色唱盤從保護套拿出來，指尖小心翼翼捏著唱盤邊緣，然後放到轉盤上。

這不可能是真的。披頭四是我跟爸爸的音樂，不是誰能隨便聽到的。在全班面前播放，簡直在**窺探我的生活**，諾克斯先生憑什麼這樣對我！我無可奈何地看著他把唱針放上唱盤，覺得有個可怕的祕密就要洩漏出去。那是我在家不能說的話題，是我引以為恥的事，會讓我跟同學之間的距離更遙遠。我轉頭看著門，考慮要不要逃走。

〈麥斯威爾的銀色槌頭〉的前幾個音符從喇叭湧出來，攫住我的身體猛烈搖晃。我感覺到腸胃在翻騰，一股熱氣衝上喉嚨，聚集在耳後。我沒聽到保羅・麥卡尼的聲音，只聽到爸爸叫我去睡覺、把豆子吃完、答應我他永遠是我爸。他彷彿出現在教室裡，我看著他的臉卻一直無法聚焦，好像跟他隔著一面不透明的屏風。我慌了起來，努力回想他的模樣。我的腦中只剩下對他的回憶，現在連記憶也漸漸模糊。我環顧四周，看到同學專心聽著這首關於三起謀殺案的歌曲，曲風古怪又輕快。他們哈哈大笑，假裝要用槌頭互砍。我永遠無法像他們那樣擁有純粹的快樂。我痛恨他們可以不費力氣就那麼開心。

我感覺到淚水湧上來，想用力擠回去。成長階段，我脫離常軌的事已經夠多了，禁不起再加一項「情緒崩潰」。我緊緊閉上眼睛，嘴裡哼著歌，想把那首歌擋在外面。發現沒效，我就把額頭靠在膝蓋上，讓牛仔褲吸乾淚水。啜泣聲收不住的時候，就假裝在打嗝。我的胸口上下起伏，鼻涕直流。歌曲播完時，教室裡只剩下我的哭聲。

諾克斯先生匆匆叫大家下課，我在座位上蜷成一團。等全班都走光之後，他在我旁邊跪下來。

「怎麼了？」

男性的聲音只會讓我顫抖得更厲害。

「我爸……」我只說得出兩個字。

「天啊，」諾克斯先生低聲說：「別動。我去請護士小姐來。」

護士氣喘吁吁地跑進教室。我讓她把我從地上扶起來，用厚實的手臂抱住我，我融化在她豐滿的懷抱中。抱著她就像把自己埋進被窩裡，一直等到停止啜泣我才放開她。她牽著我的手，走進她的辦公室。我坐在她的小床上，試圖告訴她我為什麼哭得那麼傷心。很難解釋。

「我爸……」我重複說著。

她遞給我一張面紙。「他在哪裡？」

「羅德島。」

她呼出一口氣，暫停片刻才拉開金屬檔案抽屜。她翻了翻牛皮紙檔案夾，抽出其中一份，一手打開檔案，頭也不抬地問我下一個問題。

「妳跟媽媽住在一起嗎？」

「對，不對……我住外婆家。」

她歪著頭，像在思考我有什麼沒向她坦承。

「我要打電話叫誰來接妳？」

我說沒人會來接我。

「我自己走路回家。」我指著東邊說。

她從桌上的杯子抽出一枝筆，在便條紙上寫了一個電話號碼，然後撕下來拿給我。

「回家之後，把這張紙交給妳外婆，請她打電話給我。」她說。我點點頭。

「妳需不需要休息夠了，再回家？」

我說不用了。我好累，只想趕快結束這一天。我把紙條拿給外婆的時候，不敢告訴她實話，只說我不知道護士小姐為什麼要她打電話。外婆沒多問，我也很慶幸不用提起。

隔週的星期三到了上音樂課的時候，導師叫我留在教室。同學都走了之後，她在我面前放了一盒新的水彩和一疊紙。她在杯子裡倒了些水並拿給我一枝水彩筆。我瞪著空白的畫紙看了一下，然後畫出我想到的第一件東西。六隻腳，四片翅膀，三個身體部位，五個眼睛，兩根觸鬚。一根螫針。

接下來幾個禮拜，同學去上音樂課時，我都留在教室裡畫畫。我想念打鼓，即使導師說，等我準備好了，隨時可以回去上音樂課，但我從來沒有準備好了的感覺。現在，同學在我身旁都輕手輕腳，好像我是易碎品，但這至少比被忽略好一點。我畫得愈來愈好。我畫了有窗簾的漂亮房子、淹沒在團團綠葉裡的樹木，還有貓咪、蜜蜂和花朵。我把所有的畫都帶回家送給外公，他仔細欣賞每一幅畫，還把我的作品黏在他的「辦公室」牆上——那其實是一間未完成的房間，裡頭放了一張老舊書桌和一箱箱水電工具，旁邊就是車棚。

有天下午，我發現他在車棚裡踩扁鋁罐，再用長柄鐵鎚把鋁罐敲成薄片。只見他雙手握住手把，鐵鎚朝下，直接把鋁罐打扁。看到我的時候，他正要把壓扁的鋁罐丟進後車廂的紙箱。

「這在廢鐵場可以賣到好價錢，」他說：「一個五分。」

看他收集了那麼多，地上散落著數不清的鋁罐，我猜他可以大賺一筆。他的白色T恤磨到都破洞了，從鋁罐噴出來的殘餘液體把他的褲腳都弄濕了。他穿著皮靴，左腳腳尖的地方因為有破洞，包了一圈膠帶。他的鬍子裡則卡了食物碎屑。

「妳怎麼了？」他問，注意到我垮著臉。

我告訴他學校有個活動。同學的爸爸要到學校跟全班分享自己的工作。我不打算去，因為我沒有爸爸可以帶去。

「原來如此。」外公說，灌了一大口啤酒。他打了一聲響嗝。「抱歉。」

他把啤酒罐放在地上踩平，再把大鐵鎚放到我面前。「想試試看嗎？」

我抓起握把用力舉起來，卻只能抬起幾吋高。我把腳打開一點點，讓鐵鎚的重量往下墜，鋁罐便啪一聲扁掉，那聲音好過癮！我覺得自己力大無窮，突然發現隱藏在體內的無窮精力。我又打了一次，然後一次又一次，渾然忘我地把啤酒泡沫從鋁罐打出來，每打一下就覺得好過一點。等我終於抬起頭，才發現外公目不轉睛地盯著我。他問我最近有沒有新的美勞作品，我說我們正在學做紙漿藝術。

外公眼睛一亮。「妳做了什麼？」

「一隻蜜蜂。」

「是嗎？我想看看。」

外公提議或許可以讓他代為出席，所以事情就這麼說定了。他是我「父親分享日」的代打，但我不是很確定這樣是好是壞。在我的想像中，其他同學的爸爸都穿著西裝，手拿公事包，有份坐辦公室的工作。我想像外公站在他們旁邊，一頭亂髮，指甲卡了污垢，沒有名片可以跟人交換。我希望那天他至少記得清一下鬍子裡的食物殘渣。

等到那天終於到來，我已經相信帶外公一起去根本是大錯特錯。他比其他同學的爸爸老很多，甚至會更讓人覺得我沒有爸爸。我只想要融入大家，從開學到現在都盡量避免凸顯自己的不同，今天卻要帶冒牌貨去參加父親分享日，引來更多困惑的目光，早知道乾脆待在家裡。在客廳等外公準備的時候，直到最後一刻，我都在想怎麼樣可以臨時反悔，好取消今天的行程。

最後，外公終於從房間走出來。他調整脖子上的保羅領帶，那是他最喜歡的一條，銀色方環上鑲著一顆綠松石，只有跳方塊舞和婚喪喜慶，他才會繫上這條領帶。我還發現他穿的牛仔褲前面有摺痕，他一定是從雪松櫃裡翻出聖誕節才會穿的乾淨長褲。芥末黃的西部襯衫上，有象牙釘扣和金色細條紋。他的頭髮梳得整整齊齊，臉上沒有鬍碴，還有鬍後水的味道。我檢查他的指甲：是乾淨的。

我們沿著街道走去我的學校。他一手牽著我，一手拿著一罐要送導師的蜂蜜。

進了教室，我帶外公去看美術作品展。我指出我做的蜜蜂。它跟一條麵包差不多大小，我花了很多心思塑形，做出六隻腳和四片翅膀，再把兩根拉直的迴紋針插進變硬的報紙裡，當作蜜蜂的觸鬚。外公把蜜蜂拿起來轉來轉去，從各個角度欣賞它，讚賞地吹著口哨。這時導師走過來自我介紹，外公輕輕把作品放回去。

「很厲害的蜜蜂。」她說。

外公說幸會幸會，將蜂蜜罐遞給老師。老師把手壓在胸口上表示謝意，收下了外公的禮物。

「是您自己採收的蜂蜜？」

「是的，夫人。」外公說。

「太神奇了。」她輕聲說。

我從沒聽過外公叫人家「夫人」，忍不住咯咯笑。他對我使了個眼色，暗示我別砸了他的鍋。他正在全力表現，到目前為止都很順利。沒人問他是誰，或者為什麼跟我一起來。我們是一對好搭檔，這才最重要。其他爸爸分享自己的工作時，我跟外公站在一起。我聽著在銀行、法院或高爾夫球場工作的故事，心想不知道外公待會要說什麼。他沒有正職，也沒有辦公室、老闆或固定薪水，收入來源都靠修東西和養蜜蜂。我擔心他沒東西可講，或是在一群人面前講話會緊張。他曾經告訴我，當養蜂人的一大好處就是可以獨力完成工作，不用跟人說話。外公不愛與人往來，惜字如金，我不確定這種事他做不做得來。

老師叫到他的名字時，我放開他的腿。他走到講台前，清清喉嚨。

「我叫法蘭克，今天是陪我孫女梅若蒂來的。」他說：「我的家族在大蘇爾沿岸已經住了四代。」

我聽到台下有了反應，開始竊竊私語。

外公說，他的外曾祖父威廉・波斯特是大蘇爾最早的一批拓荒者。一八四八年，他離開康乃狄克州去當捕鯨人的時候才十八歲。他在蒙特利捕鯨站找到把鯨油做成燈油和整理鯨骨供作女性馬甲的工作。兩年後，他娶了卡梅教會裡來自歐龍部落的北美原住民女孩為妻。兩人建立了大蘇爾最早的農場——占地六百四十英畝的波斯特農場，在裡頭養牛養豬，還闢了一座蘋果園。他們把趕牛隊帶到蒙特利，把獵人和漁夫帶往大蘇爾的偏遠地區。除此之外，他們還養蜜蜂。

外公說，他青少年時期有群蜜蜂飛到他們家的院子裡，他父親教他如何捕蜂，並且把蜜蜂放進蜂巢，從那時起，他開始養蜂。蜂群很快繁殖起來，蜂巢變得太擁擠，於是牠們開始培育新蜂后——那是蜂群準備好要分封的前兆。於是，他父親教他如何把孵化中的蜂后們和一些蜜蜂移進空的蜂巢，組成第二個蜂群。不到兩年，他們父子在太平洋叢林市的住家後面有了五個蜂巢。一小群人在大蘇爾以北一小時車程的沿岸地區建立了社群，這群維多利亞人就擠在小小的土地上過活。

他說鄰居對他的蜜蜂很有耐心，甚至有點著迷。後來外公把一個蜂巢放在一戶日本家庭的門廊上，因而得到更多支持。這戶人家在二戰期間曾被趕到勞改營。

「從此沒有土匪敢接近那棟房子。」他說。

雖然很多人都迷上他的蜜蜂，他母親卻逐漸失去耐心。曬衣服時被叮太多次之後，她痛下決心，堅持要他去找其他更開闊的空間發展他的興趣。

他在大蘇爾的親朋好友都很樂意幫忙，最後他把蜂箱移到幾個濱海牧場，這樣蜜蜂就不會再打擾到任何人。他把蜂箱放在格拉帕塔峽谷山腳下的偏僻空地，也是表妹在帕羅科羅拉多的牧場，還有卡梅修道院裡的修女菜園。大家開始稱呼他「大蘇爾的養蜂人」。

外公還說了他在罐頭廠街的沿岸，為了把沙丁魚魚網拖進來、跟大海搏鬥的故事。他甚至把水電工作說得很刺激。說到他是如何把自己綁在樹上、吊在聖塔露西亞峭壁上釘鋼筋、裝設水管，將山泉水引到高踞八百呎懸崖上的波西米亞海景餐廳「忘憂谷」時，他好比超級英雄。

我環視教室一圈。班上第一次這麼安靜。

「你聽起來好像直接從史坦貝克（John Steinbeck，譯註：美國作家，曾獲諾貝爾文學獎）的小說走出來的人。」有個同學的爸爸大聲說，把外公跟蒙特利灣的文學巨擘相提並論。但外公是真的記得史坦貝克這個人，還有一些出現在他的小說《罐頭廠街》（*Cannery Row*）裡的真實人物，例如海洋生物學家、遊民、商店的老闆。

所以外公沒多想就說：「史坦貝克人還不錯，只是有點孤僻。里凱茲博士（Doc Ricketts，譯註：海洋生物學家，和史坦貝克合寫《科爾特茲海》）比較有趣，」他說：「以前他會付錢要我們從卡梅河帶青蛙給他做實驗。他的爵士派對也很讚。」

「那你認識亨利・米勒（Henry Miller，譯註：美國作家，曾在大蘇爾定居）嗎？」另一個爸爸問。

「跟他在忘憂谷打過一次桌球，」外公說：「他滿口髒話。」

同學問他好多關於蜜蜂的問題。蜜蜂會不會叮他？他是怎麼從蜂巢取出蜂蜜？怎麼捕到蜂群？外公愈說愈起勁。他說被蜜蜂叮是家常便飯，但他也因此對關節炎免疫。他說他「很小心地」把蜂蜜從蜂巢弄出來，還說他都徒手去抓蜂群。同學聽不出來他在開玩笑還是認真的，只是目瞪口呆地盯著他。外公滔滔不絕，最後老師不得不禮貌地打斷他，說該下一位爸爸上台了。

他回到我身邊，我按按他的手。他一個人就洗刷了我之前的失態，讓我在學校得以重新開始。外公帥呆了，而且他還告訴同學我幫忙他養蜂，所以我沾了他的光，也變得很酷。我不該懷疑他的，之前竟然怕他搞砸，我覺得很過意不去。外公是很與眾不同，但那讓他**更好**，不是更差。他不是我爸已經不再重要。重要的是，我們現在是一國的。外公也按按我的手。

「你好棒。」我輕聲說。

活動結束後，我們穿過遊樂場走回家時，感覺到大家都在看我們。外公接到了一疊蜂蜜新訂單，名字和電話號碼直接抄在餐巾紙上。我得到了比錢更珍貴的東西，那就是他對我的愛。外公在全班面前為我說話，那表示他很認真聆聽我在學校遇到的問題，而且替我想出挽救的方法。

那天我學到一件事：外公會為了我挺身而出，就像蜜蜂會誓死捍衛家園一樣。他用他的含蓄方式讓我知道，他許下了承諾，永遠都不會拋下我。

7 真正的外公

一九七五年，冬天

一起為幼蟲擋雨的育幼蜂並不是幼蟲的父母，蜂后才是。牠們願意冒險，只因為養育蜂后的後代是牠們天生的職責。

過聖誕節前，橫越美國之後只剩下半口氣的那輛富豪車不見了。家裡出現一輛我見過最怪的車。顏色是流動廁所的那種藍，形狀像酪梨，後面寬、前面很長。底盤很低，屁股好像被大斧頭給劈斷。兩邊的白色條紋從車尾一路延伸到車頭，愈變愈細，直到頭燈後方才收住。那是AMC Gremlin，廣告上說是美國價格最親民的國民車，所以外婆才有能力分期付款買給媽媽。

我跟馬修小心翼翼地走過去，從後面的掀背（靠鉸鏈轉動的堅固玻璃）往裡頭看。我們看見有著一個洞一個洞的鏤空白色座椅，還有全新的淡藍色絲絨地毯。收音機上有按鈕，方向盤像垃圾桶蓋又大又圓。車子閃閃發亮，充滿尚未開發的可能性。

「不准你們碰車子。」媽媽說。

她把枕頭靠在背後，坐在床上讀駕駛人手冊。

「我們可以坐車去兜風嗎？」我問。

她把手冊往腿上一拍。「我剛剛說什麼？」

「不准碰車車。」馬修回答。

「對。去玩吧。」她揮揮手把我們趕走。

外婆表面上說車子是她借給媽媽，還提議媽媽可以等找到工作再還她錢，其實那是要送她的禮物，算是一種賄賂，目的是要幫助媽媽振作起來。但媽媽沒開車去找工作，卻去了其他地方。偶爾她會開車去買東西，或去週末的車庫二手貨拍賣會。後來，她也從沒把兩千美元還給外婆，但那是引誘她下床的胡蘿蔔。那輛車多少給了她獨立自主的感覺，我很慶幸有這個小小的進展，那表示媽媽嘗試要重新踏入社會。

然後有一天，媽媽打破了「小孩不准上車」的規定，主動說要開車載我們去卡梅市區。她打開車門，帶著微微化學味的乾淨氣息飄散出來。她拉起一根桿子，副駕駛座就往前彈，空出空間讓我們鑽進後座。那個年代沒規定小孩要坐安全座椅；如果後座有安全帶，一定也埋在座位底下，因為我們沒用上。

「小心不要踩到椅墊！」媽媽說，舔舔拇指擦掉我們在椅墊上留下的隱形腳印。她彎下身脫掉我們的鞋子，兩腳互拍抖掉灰塵，然後小心翼翼放在車內地板上。我看著她繞過車子，坐上車，把皮包去到副駕駛座。車子的白色內裝在我們周圍像球體一樣發亮。坐定之後，她發動了兩次車，然後輕輕放開離合器，但是踩油門時太過用力，車子往前一晃便熄火了。

「靠！」

她從照後鏡看看我們。

「別跟外婆說我罵髒話。」

媽媽再次發動引擎，車子又晃了一下，這次更大力。馬修抓住他前面的椅子，調皮地對我一笑，不出聲地說**靠**。我轉過頭，免得他看到我在笑。看到可愛的小孩罵髒話實在很好笑。媽長嘆一聲，雙手抓住方向盤暫停片刻，手肘動也不動。

「我們要去逛百貨公司嗎？」馬修問。聖誕老公公正在蒙特利的梅西百貨接受小朋友的禮物訂單。

「沒有。我們要去看你們的外公。」媽媽說。

我困惑地皺起眉頭。沒道理啊。我們已經有外公了，昨天他才從貨車後面把一棵聖誕樹拖到客廳，在上面裝了好多一閃一閃的聖誕燈。我把這些解釋給媽媽聽。

「安靜，這樣我聽不到離合器的聲音。」她說。

引擎終於動了，她小心緩慢地把車開上車道。開到卡梅谷路之後，她轉成二檔，即使引擎呼呼響要她換到更高檔，她也不管。雙線道上，一排車跟在我們後面，駕駛用遠燈照我們，強光從掀背大玻璃射進來，像閃電一樣把車內照得亮晃晃。我們反射性地低下頭，但媽媽不理後面的車，反而壓下汽車點煙器，拿起一包菸在方向盤上敲出一根，用嘴巴把菸叼出來，再把那包菸丟回皮包。點煙器彈回來時，她把菸靠近紅色線圈把菸點燃。

「外公不是你們真正的外公。」她說，搖下車窗，從縫隙把煙吐出去。「我生父才是。我們要去見你們真正的外公。外婆的第一任丈夫。」

青天霹靂。外公不是我的外公的消息太過離譜。我沒見過那個人，也從沒聽過有人自稱是我外公。我用手指掐著白色座椅，想要戳破一個洞。她的意思是說外公不夠好，我才不信她的話。我坐在後座生悶氣，氣媽媽隨隨便便就否定了外公，也氣這個陌生人沒經過我的同意就取代了外公的位置。媽媽把香菸拿到窗外，讓風吹走菸灰，再放回嘴裡。

「外公就是我的外公。」我固執地說。

「不對，他是妳的**繼**外公。」

當她終於開下一號公路、轉進海洋大道時，我的心情既好又壞。車子開下陡坡，坡底接到卡梅市中心的商店。轟隆隆的新車駛離主要街道，開進一片花木扶疏的可愛小屋，看上去像撒了糖霜的薑餅屋。波浪形的茅草屋頂有些掛著旗子或風標。窗前種了花草，門邊吊著提燈。放眼望去都是鋪石步道，家家戶戶的門牌上不是數字，而是名字，像是**鄉情**、**哨音**、**海之影**等等。

二十世紀初，這裡曾是一片濱海藝術村，聚集了許多畫家、詩人和演員，如今大幅翻修之後，住戶變成當地人的後代和有錢的外地人。每間房子獨具特色，但都是我從未看過的房子。我突然覺得彆扭起來，開始擔心媽不知道要帶我們去什麼奇怪的地方。

我的壞心情變得更壞。媽媽慢慢繞過擋在小路正中央的一棵橡樹。卡梅市的小巷彎彎曲曲，不時會看到這裡一棵、那裡一棵樹從柏油路冒出來，周圍繞著一圈反光膠帶，指示駕駛人尊重這裡的土地，繞道而行。當初開路的人不忍心砍掉這些樹，當地人也習慣放慢速度繞過去。

媽媽把車停進山坡上某間房子的停車位，底下就是蒙特利松樹覆蓋的峽谷。我們走上繞房子一圈的小露台，來到一扇紅色大門前，門的兩側立著中國石獅，一隻爪子放在石球上，一隻放在小獅子身上。

媽媽順順裙子，抬頭挺胸，然後舉手敲門。門馬上打開，好像有人站在門後從貓眼偷看一樣。一個身材矮瘦的男人盯著我們看。他穿著燙過的卡其褲、有流蘇的樂福鞋，還有牛津襯衫。一頭白髮梳得一絲不苟，好像還在當兵。紅潤的臉上面無表情，嘴唇放鬆，眼睛是深色的，看起來好像不太高興。我雖然從沒見過他，卻覺得他應該已經對我失望。他跟媽媽默默看著對方。我突然有股想奔回車上的衝動。

「莎莉？」

「爸。」

他把門開得更大，示意我們進門。我伸手去牽馬修的手。

我們走進看起來像現代美術館、不像住家的空間，腳步聲在室內迴盪。這棟兩層樓的房子給人冷冰冰的感覺，中間空蕩蕩的，頂樓呈環狀，圈住底下的那層樓。從樓上走廊的任何角落往下看，都能看到一樓。一樓是裝飾性的水泥地板，鑲有從巨大紅木樹幹切下的木片。面對峽谷的那道牆，整片都是玻璃。其他牆面則掛著中國水彩畫，有雲霧繚繞的山頂和打仗的武士。一棵銀色聖誕樹聳立在一樓，跟梅西百貨那棵一樣巨大。這間有如樣品屋的房子到處一塵不染。

媽媽要我跟外公打招呼。我無力地笑一笑，他握握我的手，打量著我。我有點不安，覺得自己得為什麼事道歉。我心跳加速，緊張地吞口水，等著他說我犯了什麼錯、要怎麼處罰我。

我聽見身後響起腳步聲，他太太打破魔咒，披著飄逸的長袍，快步上前跟我們打招呼。她戴著超大顆的紅石項鍊，手上是玉戒，頭髮黑灰交錯，下巴方正，顴骨突出，比她丈夫高一個頭。她說要泡很棒的茶給大家喝，還講了茶的產地，我們聽了都一臉茫然。她接著解釋那是中國的一座高山，他們去過的寺廟供奉的就是這種茶。我們被帶到頂樓的起居室，旁邊是廚房，然後在硬邦邦的中國古董椅上坐下來。我們跟媽媽坐在一邊，她生父坐在我們對面。媽媽的視線在掛毯上飄來飄去又飄到窗外，但就是不看她父親。她把加進茶裡的糖給撒了出來。她討厭喝茶，在家只喝咖啡。

我什麼都不敢碰。馬修乖巧地坐在椅子上動也不動，眼睛掃視這個奇怪的地方。四周一樣玩具都沒有。

我看得出來媽後悔了。她跟生父待在同一個空間，明顯很彆扭，不知要說什麼。沒說出口的怨恨讓氣氛繃得很緊。

後來我才知道他是個嚴苛的父親，會無情地取笑她體重過重，為了瑣碎小事就對她動粗，例如房子沒打掃到他滿意的程度或是對他擺臭臉。他動不動就挑剔她，毀了她的童年，也毀了外婆的幸福。她們在他的陰影下過活，直到媽媽十九歲，兩人終於離婚為止。他走了之後，媽媽歡欣鼓舞，因為這輩子不用再跟他說話而如釋重負。但如今，隔了十二年，她卻坐在他的泡茶房裡。或許是外婆勸她來的，叫她來跟疏遠已久的父親請求金錢上的幫助。但我想更可能是她自己出於好奇、希望和需求，才跑來這裡。她把回來度假當成修復關係的藉口，特地來試探生父，看他有沒有改變，是不是覺得懊悔，願不願意幫助她重新站起來。

他清清喉嚨。

「那麼，莎莉，最近還好嗎？」

她說還好，但也不太好。她說她或許可以找到銀行出納員或護士助理的工作。

「那很好。但妳不考慮利用一下妳的社會學學位嗎？」

媽開始剝指甲油。

「有沒有想過去讀研究所？」他又問。

媽媽說她有兩個小孩要養，負擔不起學費。

我看到他的眼神一暗。

「爸，我沒事的。」

我希望我能說些什麼改變話題，但在這個從天而降的外公面前，我全身僵硬。我試著想像眼前這個把喀什米爾毛衣披在背上、袖子綁在胸前、周圍都是藝術書籍和石雕龍像的男人走進我們小小的平房。怪死了。他看起來就不像是會鋸木頭生火、到戶外除草，或把手用髒的人。在他家裡，所有東西都是展示品，看起來很少使用。在我們家，每個角落都塞滿了舊物。外公外婆會把橡皮筋捆成一團，把錫箔紙攤平重複利用，把每個紙袋收集起來。我們是不同世界的人，我無法想像這個人走進我們的世界。而外公的破銅爛鐵彷彿幾百年前就從地上長出來，把那裡當成了自己的家。

他太太端著奶油餅乾走過來放在茶几上，一邊跟我們說著他們最近的中國之旅。他們巨細靡遺地描述兩人辛苦跋涉到某某朝代留下的古蹟，大人間的對話愈來愈無聊，在我耳邊變得模糊不清，我在想自己能不能張著眼睛睡著。我拿起茶杯，看見裡頭浮著類似海藻的東西，接著又把茶杯放回塗了亮光漆的茶几上。媽媽假裝在聽，其實心早已飄走，眼睛盯著她生父背後牆壁上的一個點。我看著他的嘴巴動來動去，但沒聽他說話。等他終於說完，又是一陣漫長的沉默。她生父又清了清喉嚨。

「想參觀一下其他房間嗎？」他問。

他帶我們走上頂樓的環形走廊，讓我們參觀廚房、隔板可以推來推去的臥房，還有牆上掛著寶劍的小圖書室。看完之後，我們又回到一樓矗立著聖誕樹的開放大空間。樓下有一間辦公室、更多隔板可以推來推去的房間，還有一架鋼琴。新外公把注意力轉到我身上，問我喜不喜歡上小學，我說還不錯。然後，他又問我長大想做什麼。從來沒人問過我這個問題。

「我不知道。」

「哦，不是醫生就是律師，對吧？」他說，捏捏我的臉。好痛，我揉著臉後退一步。媽媽氣得滿臉通紅。

「爸，她想做什麼就做什麼。」她語氣決然。

雙方再度陷入沉默。媽媽望著窗外的烏雲籠罩峽谷，不由得皺起眉頭。她生父帶我們走向堆滿禮物的聖誕樹，從裡頭拿了一樣禮物給媽媽。她打開高級百貨的包裝盒，取出一件毛茸茸的毛衣，顏色介於綠色和棕色，像湖水的顏色。媽媽平常不穿毛衣，但她說很漂亮，然後把盒子放回地上。

「這給我們的小帥哥。」他拿給馬修一件禮物。我弟發現是Tonka的垃圾車，馬上就撕開包裝紙，拿出車子在地上推來推去，新外公戒備地盯著他的花瓶。

我的禮物是用來放首飾的陶瓷鵝蛋，上面有斑點。我沒有東西可以放在裡面，但我覺得它漂亮又精緻，是淑女家裡會有的東西。有人肯把易碎物品託付給我，讓我自覺像個大人；我的心情因此好了一點。

我們又留下來吃了一些餅乾，然後媽媽站起來說我們該走了。主人沒有挽留。他謝謝我們過來，送我們走到那扇大紅門，也沒有擁抱道別，只揮了揮手，另一隻手放在門上。

媽媽快步走回車子，大力甩上門，插入車鑰匙，火速倒車開出停車位。她氣到都忘了叫我們脫掉鞋子，只顧著把方向盤轉來轉去，沿著卡梅市區彎彎曲曲的街道駕駛。馬修靠過來悄悄跟我說「果凍」。我點點頭，於是我們讓身體放鬆，一起隨著車子晃過來、晃過去。媽媽在喃喃自語，用拳頭打著自己的大腿。接著她開始說話，雖然沒有特定的對象。

「看到那棟房子了沒？幫我一點忙也辦不到嗎？**辦－不－到**！」

她在發抖，說不定還哭了，但我不確定。我跟馬修被甩到左邊又甩到右邊，然後再回到左邊，專心把自己的身體變成Q彈的果凍。

「我不知道我幹嘛要試。笨蛋，笨蛋，**笨蛋**！我根本不該理他的，他從來也沒在乎過我，×的從來沒有！」

馬修又要開口練習罵髒話，我馬上摀住他的嘴。媽媽繼續對著香菸說話，停下來的時候就猛搥方向盤。

「他是怎麼對我的！」

砰！

「人到死都不會改變。」

砰！

「還是一樣王八蛋！」

砰！

路不再彎來彎去之後，我跟馬修仍是緊緊靠在一起，準備面對隨時會朝我們飛來的怒吼。我們給彼此安慰，無論誰跟一個手拿擴音器的人困在衣櫃裡，都一定會這麼做。媽在大吼大叫，話語在車子裡彈跳，從牆壁反彈回來，撞上我們的頭成了碎片。她心裡想對她生父說的話，都在這個不停轉動的告解室傾洩而出。她不需要他。他對她來說什麼都不是。她希望他死掉。她這輩子再也不會在他身上浪費一點呼吸。

我想安慰她，卻覺得她遙不可及，整個人陷進痛苦到難以跟人分享的回憶中。發生在她身上的事太過沉重，不是我用話語就能撫平的。

我想快點回到家，這樣她就能鑽回被窩，回到安全的地方。光是這樣匆匆一瞥她的過去，就令我更加同情她，暗自決定以後不要再為了她不下床而太生她的氣。這世界對她很殘忍，我對她要有耐心，因為過去有些錐心蝕骨的原因讓她放棄了現在。

當車子轉進胡桃樹形成的天篷、開向我們家的後院時，她搖著食指宣告：「我告訴你們……這是他**最後一次**看到我，還有你們兩個小孩！」

我肚子裡的結鬆開了。兩個外公的問題煙消雲散，不過就是魔術師的小把戲。我在這離奇的一天醒來時，只有一個外公，到了中午卻變成兩個，現在又變回一個。在短短十個小時內得到又失去一個外公，我想大多數小孩都會困惑不解。但是對我來說，這只是證明家裡的關係可能說變就變的另一個例子。前一天某個人還在，隔天就成了過去。我漸漸習慣了人、地方和承諾的變化無常。所有事都隨著媽媽起伏不定的心情而改變，所以最好就讓她說的話這麼溜走，不要賦予它們太多的意義。這也已經不重要了，因為冒牌外公已經變成不能說出口的事，反正他對我來說從來就不是真實存在的人。但我還是留著他送我的陶瓷蛋。

走進前門時，媽仍在低聲咒罵。外婆躺在地毯上享受每天的調酒。媽沒打招呼就走過去，外婆抬起頭，困惑地笑了笑，然後轉轉塑膠杯裡的冰塊。

「怎麼樣，那個誰誰誰我的前夫還好嗎？」外婆對著她喊。

臥房門甩上。這就是媽媽的回答。

「就跟妳說吧。」她說，對我和馬修聳聳肩。我弟把新玩具放在她面前。

「看我的車車。」

外婆拿起車從各個角度檢查。

「很**不錯**的垃圾車。去外面用土把車子填滿好不好？」

馬修一聽就懂。他抓著玩具衝去外面的沙池，我沒更好的事可做，所以也跟上去。馬修把車子推來推去，模仿引擎的聲音。我撿起掉在沙池裡的石南莓果，排成一列當成車道。我們的沙池是四塊紅木板排成的簡單四方形，只裝得下我們兩人，沙子是外公從卡梅海灘弄來的，又白又乾淨，用手去搓還發出嚓嚓響。正當馬修用玩具車載送更多沙子來蓋房子，我們聽到外公的貨車轟隆隆開進來，輪胎把核桃啪嚓壓扁的聲音。

「外公回來了！」馬修用響亮的聲音說。

外公把車停在車棚下，把午餐盒和鑰匙擱在引擎蓋上。麗塔跑過來，撲進沙池裡開始挖。外公摘下一朵芥菜的黃花，放進嘴裡嚼，然後朝我們走過來。

「這什麼？」他抓起那台垃圾車。

他放在沙子裡試推幾下。「很不錯。」他說：「引擎很有力。哪來的？」

我跟外公說我們去卡梅市找媽媽的生父。外公點點頭，沒說話，然後在沙池邊坐下，等著我繼續說。

「媽說你不是我們真正的外公。」

外公沉默片刻，想了想之後，他把我抱起來放在一邊腿上，再把馬修放在另一邊。

「你們兩個聽我說，仔細聽。」他說：「捏我的手臂。」

我們看看他的臉，確認他是認真的。

「我說真的，盡量大力捏。」

我用力一捏，在他的手臂上留下半月形的指甲印。

「有沒有感覺到皮膚？」

我點點頭。

「所以我是真的。我是你們的外公。」

心滿意足的馬修從外公的腿上跳下來，繼續回去蓋房子。我覺得好多了，但心裡還是有點不安。

「**繼**這個字是什麼意思？」

「意思就是說，妳很幸運，比別人多一個外公。」

外公湊上前跟我四目相對，幾乎鼻子碰鼻子。「有時候她會搞糊塗。」他小聲地說，所以只有我聽得見。

「可是媽說……」

他這番話是在告訴我，我可以自己決定想要誰當我的外公。這個選擇很簡單，因為外公的生活有容納我們的空間，沒有複雜難解的家庭糾葛。他期待看到我們，喜歡教我們新東西，也是真的在意我們怎麼想的大人。他愛我們的方式，就像父母愛子女一樣。

一片陰影籠罩沙池，外公抬頭看看頭上的紫黑烏雲。「我得去快快檢查一個蜂箱。想戴上妳的面網嗎？」

我跟著他走到後院，站在幾呎外看他拆下蜂箱。首先，他把蓋子翻過來放在地上，再將檢查耙插進頂層木箱，撬開蜜蜂用來封住縫隙的蜂蠟。他把箱子轉開，邊弄邊呼呼喘氣，再把箱子放到上下顛倒的蓋子上，才不會壓到底層的蜜蜂。最上層的木箱就是蜜蜂儲存蜂蜜的地方，儲滿的時候重達五十磅。這個蜂箱有兩個繼箱，外公沒檢查就把兩個都拿起來，光從重量就知道蜂蜜還沒滿。

況且，這個季節他不會取走蜂蜜，因為要留著讓蜜蜂過冬。等到春夏花朵盛開時，他才會採收蜂蜜，而且只取多餘的蜂蜜，不跟蜜蜂搶食物。今天，外公只需要查看蜂箱底層的孵化箱，那裡是蜜蜂的育嬰房，蜂后都在裡頭蠟製的巢礎上產卵。

這個蜂箱一整年都讓他很傷腦筋。春天時，半數蜂群都跟著蜂后飛出去，留下來的工蜂培育了第二隻蜂后。過沒多久，第二隻蜂后也跑了。蜂巢這樣繁衍擴大很自然，但是每次出走對蜂群來說都是一種打擊，逼迫牠們耗費體力和時間去培育新蜂后，等牠交配，開始產卵。

外公希望今天能在育嬰房裡找到卵，那表示蜂后很健康，蜂群又重回正軌了。

外公查看時，守衛蜂緊張地繞著外公的頭盤旋，不時飛過來用頭撞他，警告他不要得寸進尺。蜂群還沒打算叮人，但如果檢查時間太久，牠們就會行動。現在是下午，蜜蜂覓食完正要回家，享受完一天中日照最充足的時光，準備要回去休息了。蜜蜂不喜歡下午的涼爽空氣，而且就在牠們放鬆下來，回到蜂巢擠在一起取暖時，斜陽剛好照進牠們的家。

一打開有育嬰房的木箱，外公就從十個巢框中抽出最外面的那一片，檢查兩邊的蜂窩，立刻判斷裡頭滿是蜂蜜。他把巢框放下來靠在籬笆上。他拿出的第二個巢框也滿滿都是蜂蜜。第三片中間的蜂窩空空的，頂端附近有零星的花粉和一點蜂蜜。他繼續檢查中間的巢框，發現其中一個爬滿了育幼蜂。牠們在蜂巢上奔忙，把頭探進六角巢室。他用手撥掉一些育幼蜂，在逐漸微弱的光線下來回傾斜巢框，這樣才能看出育幼蜂有沒有在巢室裡餵幼蟲。

「有了！」他大聲說，舉起巢框，讓我看巢室裡蜷成C形的白色小幼蟲。這些幼蟲才四天大。外公指著蜂巢的另一邊，我看見垂直的白色小針，是剛產下的卵。育幼蜂全神貫注地餵食幼蟲，即使我們把巢框翻來翻去檢查也不理我們。

「蜂后在這裡嗎？」我問。

「沒有，」他說：「還得再找找看。」

就在這時候，一滴雨打在我的手臂上。

雨很快降下來，雨滴打在外公手中的巢框上。育幼蜂抬起頭環顧四周，跑向對方，發了狂似地觸碰對方的觸鬚。育嬰房裡竟然出現水滴，這顯然讓牠們慌亂失措。

「得趕快蓋起來。」外公說。他朝蜂箱走了幾步又突然停住，怔怔盯著手中的巢框。「太神奇了。」

他轉過身舉起巢框。幾秒前，育幼蜂還橫衝直撞，因為突然滴到雨而陣腳大亂。但此刻，幾百隻蜜蜂排成玉米粒般整齊劃一的隊伍，跟軍隊一樣秩序井然，頭朝北面對同樣的方向，翅膀連著翅膀，在珍貴的卵上形成一片防水布。牠們站定不動，姿勢直挺挺，翅膀像西班牙瓦磚一樣緊密相連，為下一代擋去雨水。

外公已經讓我相信蜜蜂很聰明，但我不知道蜜蜂也懂得愛。我讚嘆地看著牠們用背擋住滴答落下的雨水，利用相互重疊的翅膀把雨水引開，形成一條條的小河。要是我們不把巢框放回蜂箱，牠們會保持這樣的姿勢多久？牠們看起來好堅定，讓我覺得牠們會站到雨下完，或是全身濕透，甚至全身冰冷、心臟都停止跳動為止。

育幼蜂會這麼做實在違反常理。畢竟牠們都待在蜂巢裡，無論是人工蜂箱、樹洞，還是住家牆壁等雨水進不去的地方。牠們是不會出外覓食的「內勤蜂」，除非長大後學會長途飛行，變成「外勤蜂」。也就是說，牠們對雨水很陌生。那麼，牠們怎麼會在這麼短的時間內就知道要排成一列，把自己變成臨時的雨傘？牠們又怎麼會那麼快地送出訊號，集體同時排出陣仗？

我看得目瞪口呆。

「不覺得很神奇嗎？」外公說：「我有個朋友說他看過一次，我還不相信他。」

「牠們怎麼做到的？」

「這就得問大自然了。」他說。

外公把巢框放回蜂箱，重新把箱子疊好再蓋上蓋子，上面放一塊磚頭固定。回到溫暖的蜂巢之後，育幼蜂的身體應該很快就會乾掉。

走回屋裡吃晚餐的途中，我想著剛剛目睹的那一幕。之前我也看過昆蟲展現無條件的愛。但是，一起為幼蟲擋雨的育幼蜂並不是幼蟲的父母，蜂后才是。牠們願意冒險，只因為養育蜂后的後代是牠們天生的職責。牠們是代理父母，就跟外公對我和馬修一樣。

成千上萬隻蜜蜂要負責照顧蜂卵和幼蟲，所以蜂群才要分工合作。即使育幼蜂自己不會生育，牠們仍然知道該做什麼事。每隻蜜蜂都得到相等的愛，蜂巢裡也沒有「繼父」或「生父」之分。

蜜蜂剛剛讓我確認了自己真正的外公是誰。

8 如果房子不對勁，牠們會去找更好的住處

一九七六年，夏天

「妳跟偵察蜂一樣聰明，總有一天會找到自己的方式。」

一年中大多數的時間，蜂蜜巴士都在沉睡。但百花齊放的春天結束，夏天快要到來時，外公就會開始留意院子柵欄上的溫度計。紅線一超過三十二度，就達到了採收蜂蜜的理想溫度。高溫會讓蜂蜜變得水水的，在蜂蜜巴士上用幫浦把蜂蜜抽進水管會比較容易。要是那年的春雨下得特別多，花朵盛開，他採收的蜂蜜可能增加將近一千加侖。

整個春天，我一直在問外公能不能讓我幫他採收。去年他沒讓我進蜂蜜巴士，說要等我再大一點。如今我都快六歲了，鞋子也大了兩號，當然不會錯過爭取進巴士的機會。每天早上我都會查看天氣，讓他知道我一直在留意狀況，隨時準備上場，免得理想的採收日說到就到。

這天終於到來。七月的某個早晨，我一醒來就聽到蟬在暑氣中尖聲合唱。我下床拉開窗簾，看見麗塔蜷在杏樹下喘氣。這麼熱的天卻這麼早起床，只代表一件事：神聖的採收日到來了。我連睡衣都沒換就衝出門去看溫度計。幾乎快三十二度了。我在飯廳找到外公，他正低頭享用一大盤鬆餅。我把這個好消息告訴他。

「適合採蜂蜜的天氣。」他宣布。

外公慢慢咀嚼塞滿嘴的鬆餅，像在思考一個複雜的代數題，接著慢慢啜了一口咖啡，一副老人做什麼事都不疾不徐的模樣。他把餐巾紙摺一半再一半，講究地按按鬍鬚兩邊才開口。我屏住呼吸等待他的判決。

「妳最好換上工作服。」他說。

說完他又回頭繼續吃鬆餅，好像剛剛地球沒有突然傾斜似的。我用前所未見的超快速度脫掉睡衣，換上工作服。我不知道外公為什麼改變主意，決定讓我進入蜂蜜巴士，但我不打算問，免得他反悔。

蜂蜜巴士還不是蜂蜜巴士之前，是美國陸軍用來把士兵從蒙特利以北的奧德堡軍事基地送往加州沿岸其他基地的交通車。車子本身是一九五一年生產的F系列，那是福特公司在二戰後推出的第一台貨車和改良巴士。二戰期間，福特汽車依照政府的訂單，把這台二十九人座的巴士送往奧德堡。戰爭結束後，車子還是持續送來，基地因而塞滿了車子，只好開始出售一些很少用到的二手車。外公在大蘇爾的一個朋友從拍賣會上買下這輛巴士，把車裡的六缸引擎拆下來裝在自己的貨車上。一九六三年，他把一個較輕型的引擎裝在巴士上，以六百美元轉賣給外公。

外公在養蜂雜誌上看到，有養蜂人在福特A型車的車斗上安裝搖蜜機，這樣就可以把車開到養蜂場，在現場採收蜂蜜。但外公覺得這麼做很笨，因為在戶外採收蜂蜜會引來蜜蜂，讓蜂群瘋狂搶奪蜂蜜。如果有巴士，他就可以把車開到養蜂場，在車上的密閉空間採蜜，也不會被叮。他把車上的座位拆下來送給朋友（朋友把座位安裝在他的小卡車後座），再用收集來的破舊零件在車上打造了他的蜂蜜工廠。

外公對自己的成果非常滿意，但好景不長。他把這輛一噸半的蜂蜜巴士開進大蘇爾峽谷時，不只一次卡在沒鋪柏油的「之」形山路上。後來，他就不再開巴士去偏僻的養蜂場，只跑離公路較近的養蜂場。

此外，他從沒想過養一台巴士這麼花錢。這台巴士不但很耗油，每年光是保險和牌照就要好幾百美金。因此從一九六五年開始，他索性把這台綠色大車停在住家後面，把引擎拆了送給朋友，外婆對他的作法很不以為然。那個年代，卡梅谷還是一個有真正牛仔在獵野豬、從河裡挖淡水小龍蝦的鄉下地方；看不到觀光客在當地餐廳的早餐吧點濃縮咖啡，用他們的古龍水，還有跑車和高爾夫揮桿的話題把這地方搞臭（根據外婆的說法）。那是個把轟隆隆的巴士扔在後院、鄰居也不會說什麼的年代。

我跟著外公穿過及腰的狐尾草，走向巴士。他穿的Levi's牛仔褲上全是灰塵，一直滑到屁股；他上半身沒穿，露出膚色介於肉桂和鐵鏽之間的寬大胸膛。他的手臂肌肉結實，一雙有如熊掌的大手坑坑疤疤，布滿工作留下的傷痕。左手食指少了一小截，被指甲整個包住，就像一頂安全帽。他說是高中工藝課在切割金屬、做戰爭用的空襲警報器時，不小心弄傷的。我們繞過一小堆、一小堆接管和破掉的陶罐，來到靠在巴士後面的老舊公路路牌前。木頭路牌上寫著：**菲佛州立公園，五點一哩**，底下有個箭頭跟一句**午餐由此進**。

我看著他爬上後門的棧板階梯，舉手去摸藏在天花板上、免得讓我拿到的鋼筋條，心裡愈來愈興奮。他把鋼筋的一端插進原本是手把的洞一扭，鎖隨即彈開。車門輕喀一聲跟著打開。他先將我抱上巴士，才走進來，並且很快關上門，把一小群跟在我們後面的蜜蜂擋在門外。牠們被外公疊放在巴士內的蜂巢吸引過來。那些蜂巢散發出一種香草、奶油和新鮮泥土的味道，我馬上認出外公的皮膚也是這種味道。蜂蜜巴士裡的空氣彷彿有著屬於自己的氣味。

進了巴士，我看到白色蜂箱沿著機器對面的牆壁堆放，幾乎快堆到天花板。我忍不住數了起來，數到三十七就停了，反正我知道我們會採收一桶又一桶的蜂蜜。外公掀起最近一個蜂箱的蓋子，拿出一個巢框，欣賞用薄薄一層黃色蜂蠟封上的精緻六角形巢室。他把巢框拿起來對著光線，讓陽光照亮裡頭有如一片片彩繪玻璃的琥珀色花蜜。他邊看邊滿意地低聲吹著口哨。

「好樣的。」他說，把巢框拿給我，讓我感覺它的重量。很像拿著一本厚重的字典，蜂蜜少說也有三磅。

外公把巢框小心裝回蜂箱，裡頭還有九個一模一樣的巢框。他從狹小的走道走向車頭，腳踩在黑色橡膠地板上，發出黏黏的聲音，像走在人體捕蠅紙上。

「這東西可以動嗎？」我問。

我伸手去摸磨舊的灰色拉繩，有個鈴鐺叮咚響。外公在駕駛座後面，正在把汽油倒進他用來啟動搖蜜機的除草機馬達。他對我使了個眼色，我放開繩子。他拉了拉一條繩子啟動馬達，馬達呼呼喘，最後終於順利發動。平穩的達達聲在我腳下震動，整台巴士都在晃。為了把廢氣排出巴士，外公在地板鑽了個洞，把除草機馬達的金屬管接到外面。

「過來這裡看一樣東西。」外公在轟轟聲中大喊，揮手要我走去看搖蜜機。我探頭查看放在飛輪上、高度及腰的金屬桶，裡頭的六個輪輻上都掛著長方形架。架子的大小剛好可以放進一個巢框。飛輪轉動時，蜂蜜就會從巢框上甩出來滴到萃取機裡面。接著，幫浦會把蜂蜜打進一條管子，流進用釣魚線綁在天花板欄杆上的小管線，蜂蜜就從這些管線注入兩個儲存桶。

我推了飛輪一下，才發現它上了鎖。外公輕輕把我的手移開。

「規則第一條：不要亂碰東西，尤其不要把手放進搖蜜機，除非妳不太喜歡妳的手。」我低頭看他那隻少了一截的食指，反射性地退後幾步，離搖蜜機遠一些。我得小心一點，可不能被趕出去。我靜靜站在原地，雙手插口袋，免得想去摸東摸西。外公忙著整理我們的工作場地，把瓶瓶罐罐移走，給機器上油。我四下張望，開心地發現天花板上有兩條握把。太棒了，我專屬的練習單槓，這樣我在遊樂場就能跟其他女生炫耀了。我立刻忘了一分鐘前的誓言，往上一跳抓住兩條握把，來來回回擺盪，然後一鼓作氣把兩條腿盪上去，用膝蓋倒掛在握把上。外公看到，也抓起另一邊的握把，把腳抬上去倒掛在我的對面。

「很厲害嘛！」他伸出手搔我的腋窩，我癢得大叫，最後再也受不了，只好盪回地上。

「準備好要動工了嗎？」他問。

我跟著他走到巴士後面一個布滿捲曲蜂蠟和蜜蜂屍體的長條金屬桶。他拿給我一把雙刃刀，一層層焦掉的蜂蜜把一呎長的刀片都變黑了。木頭握把中間有個洞，插了兩條橡皮管，用夾子固定住。橡皮管延伸到巴士牆壁的一個洞，往外連到燒著熱水的銅鍋，底下是瓦斯爐。

「要小心，橡皮管裡頭有蒸汽，」外公提醒我：「所以他們才叫熱刀，一不小心會把人燙熟。」

我拿著手上的武器，手伸得直直的，像手拿馬刀的騎士，等著外公的指示。刀片熱了之後，黏在上面硬掉了的蜂蜜開始發亮，發出焦糖的味道，一縷輕煙從刀尖飄散出來。我把刀拿得離身體愈遠愈好，外公把一個巢框直立在金屬桶的橫木上。他一手按著巢框，一手抓著我的手，用熱刀從頭到尾掃過被蠟封住的蜂巢，以完美的角度握住刀片，把上面那層蜂蠟刮下來，露出底下閃亮亮的蜂蜜。蜂蠟捲起來，跟蜂巢剝離，掉到金屬桶裡。手勢要輕柔，才能刮掉薄薄一層蜂蠟，又不會刮到蜂蜜。

「該妳試試看。」

他放開握把，刀子握在我的小手裡突然變重。我一慌，刀子從手裡掉進了金屬桶，刀片躺在灑出來的蜂蜜上開始冒煙。外公把刀子撈出來，用濕抹布擦掉握把上的蜂蜜。也許外公說得沒錯，我年紀還太小，不適合來採收蜂蜜。

「用兩手拿。」

巴士裡愈來愈熱，我雙手都是汗，沒辦法把刀子拿穩。我努力想學外公把刀子拿穩，反而戳破蜂巢，挖出一大塊蜂蜜。

「看清楚。」他說，又抓住我的手。我們大手疊小手一起刮了好幾十片巢框，我漸漸抓到蜂蠟的彈性，慢慢能夠正確施力，自己刮下蜂蠟。我花了很長時間才把巢框兩面的蜂蠟都刮掉，但外公耐心地等我刮好，除了稱讚我的表現，也會在我受挫的時候接手。最後，我終於可以刮下薄薄一片蜂蠟，又不會把蜂蜜也一起刮下來。

巴士裡變得又悶又熱，但我們不能開窗，因為沒有紗窗能把蜜蜂擋在外頭。外公把駕駛座附近的旋轉式風扇打開，讓空氣流通，但也讓原本就鬧烘烘的巴士更吵。後來他乾脆脫掉牛仔褲，全身上下只剩下白色內褲和運動鞋。

「好多了！」外公在一片嘈雜聲中大喊。他從金屬桶裡撈出一片黏黏的蜂蠟丟進嘴巴。

「口香糖。」他咧嘴笑道。

外公總是想要說服我，世上最噁心的東西都是人間美味，比方說肝臟或藍紋起司。他遞給我一塊蜂巢，我撕了一小塊放進嘴裡小心地嚼。味道就像我喜歡的各種糖果的大匯集，先是椰子，再來是紅甘草，加上奶油糖。口感則是熱熱的棉花糖在我的舌頭上融化，我不敢相信我竟然會不知道世界上有這麼美妙的滋味。我一直嚼到蜂蠟冷掉，然後學外公把它丟回金屬桶，再抓出一片熱熱的來嚼。外公退後幾步，對我使了個眼色，就把蜂蠟像西瓜籽一樣吐向空中，然後掉進金屬桶。我接收到他的暗示，也學他把口中的蜂蠟射向空中，畫出一個大圓弧。

「兩分！」他說，一路退到公車另一頭，準備來個長射，結果沒中，蜂蠟球掉在我的腳邊。他走過來撿回去，起身時靠向我，好像要告訴我一個祕密。

「妳媽還好嗎？」

我聳聳肩。

「妳都還好嗎？」

「大概吧。」我說。

「她可能需要一點時間才能好起來。」他說。

「嗯。」

在巴士的密閉空間裡，因為可以說出自己的想法而不被外婆聽見，外公彷彿變了一個人。他跟我說話的方式就像把我當平輩，我好一會兒才適應過來。我感覺得到他準備告訴我一件重要的事，正在尋找確切的用語，但又不想害我難過或是說得太多、讓我承受不了。

他走回去刮蜂蠟，但繼續用嶄新的大人方式跟我說話。

「現在那個樣子，不是她自己能夠控制的。」

他的話停在半空中。媽媽現在究竟是什麼樣子？我知道她到哪裡，悲傷就跟著她到哪裡。我知道她不能下床是因為太常犯頭痛，而且她恨死她的生父。但是聽同學聊天之後，我發現，其他人的媽媽都會去上班、來學校接送、煮晚飯。我的媽媽聖誕節卻都在睡覺，在聖誕樹下放支票，而不是禮物。我們的媽媽跟別人的媽媽不一樣。只是外公的話戳痛了我。為什麼媽媽會「那個樣子」，為什麼她不能控制？她怎麼了？外公跟我坦承了某些我也許不該聽到的事。

「她不能控制什麼？」

外公把一個空的蜂箱立起來，當凳子坐在上面。他用手臂外側擦擦額頭，跟我面對面。我看得出來他正在斟酌用詞。

「妳媽媽很愛你們。」

我等著他繼續說。他又試了一次。

「有時候，她很難表現出來。」

「為什麼？」

外公抬頭看著在車頂邊緣的橢圓車窗織網的蜘蛛。我感覺得到自己問了一個沒有答案的問題。沉默在我們之間拉長，一股悲傷重壓我的胸口，讓我不得不坐下來。我也把一個空蜂箱拉到他旁邊當凳子坐下來。

「我跟妳提過偵察蜂的事嗎？」他問。

我搖搖頭。

「偵察蜂的工作是找房子。如果房子不對勁，比如說太擠或太濕，牠們就會去找更好的地方。」

我不確定外公為什麼跟我說這個，只好聽他繼續說。

外公說，偵察蜂是冒險家，負責說服蜂群分封。在蜜蜂成群湧出蜂巢之前，偵察蜂會先去調查附近的環境，尋找更適合居住的地方，到樹洞、煙囪裡，甚至牆壁裡去探勘。等到出太陽的好天氣，牠們就會在蜂巢裡飛來飛去，用翅膀去拍其他蜜蜂，鼓勵牠們一起走。牠們的興奮、激動感染了整個蜂巢，讓蜂巢裡的溫度上升，翅膀拍打聲合起來，簡直就像鼓聲。聲音愈來愈大，達到大吼等級時，某個看不見的指令一下，蜜蜂就會一擁而出，形成一支龐大的游牧隊伍，把蜂后包圍在中間，最寬可延伸到三十呎長。

我想像天空中出現蜜蜂組成的煙火，千千萬萬個黑點飛旋著，然後聚在一起，彷彿要穿過一個隱形的漏斗。

「牠們要怎麼決定去哪裡？」

「跳舞。」

我已經發現外公談起蜜蜂時都很認真，無論聽起來有多麼不可思議。他讓我相信蜜蜂什麼事都做得到。我知道蜜蜂倚靠味覺、聽覺和觸覺溝通，動作當然也就不無可能。他告訴我，出去覓食的蜜蜂會回到蜂巢跳舞，告訴其他蜜蜂去哪裡找花蜜多的花朵。而偵察蜂則是在成群出走的蜜蜂正上方跳舞，告訴牠們去哪裡重新落腳。

「舞蹈就像牠們的地圖，」外公接著說：「舞步會告訴蜂群新家的住址。」

「我可以看嗎？」

「看什麼？」

「看蜜蜂跳舞啊。」

「如果妳夠幸運的話，有一天我們會碰到的。」

外公站起來，準備開始搖蜜。他從金屬桶裡拿起我們用熱刀刮過的巢框，把滴著蜂蜜的巢框放進萃取機的托架上。每個托架都放上巢框之後，他打開飛輪的鎖，停頓片刻才啟動搖蜜機。

「我不希望妳為妳媽媽的事太過煩惱。妳跟偵察蜂一樣聰明，總有一天會找到自己的方式。」

當下我決定，偵察蜂是我最喜歡的一種蜜蜂。

「好，轉手把吧。」他指著搖蜜機開口旁的一根桿子。

飛輪開始轉動，速度愈來愈快，最後底下的托架都一片模糊。流出的蜂蜜一開始又多又厚，隨著每次轉動愈變愈細，最後變成閃亮的細絲，這表示該把飛輪上的手把轉向、換邊旋轉了。每一邊都要轉個幾分鐘，視蜂巢的蜜有多滿而定。

集蜜盆累積了約一呎高的蜂蜜，又厚又亮，我們甚至可以在上面看到自己的倒影。幫浦動了起來，吸起蜂蜜，在表面激起軟綿綿的泡沫，把蜂蜜抽進管線。幫浦把集蜜盆裡的蜂蜜從主要管線一路送到天花板，之後分成兩條較小的管線。蜂蜜從這裡經過副駕駛座的車窗，流向駕駛座後方兩個五十加侖的儲存桶。輸送管一路延伸到打開的儲存桶上方，用鐵絲懸吊固定，而鐵絲則是外公用水電工用的強力膠帶跟天花板的欄杆黏在一起。我緊緊盯著管嘴，完全著了迷。

「來了！」外公說。

第一條蜂蜜形成的小河從管線裡噗嚕嚕流出來，瀑布般墜入儲存桶。那畫面好美，彷佛女生的金髮在風中起伏。我記得外公告訴過我，一隻蜜蜂一生釀造的蜂蜜不到一個指頭。那麼多的蜂蜜，想必需要無以計數的蜜蜂才製造得出來。

我們從早工作到晚，眼看太陽沉到聖塔露西亞峰後面，山脈從深綠轉成灰，我們採收了將近一百加侖的蜂蜜。我忘我地沉浸在拿巢框和刮蜂蠟的動作中，想像我們是在蜂巢裡工作的工蜂。萃取機的轟隆聲聽起來就像是蜂群的嗡嗡聲，淹沒了我們的聲音，所以我們多半只能靠手勢溝通。我們用手肘互推對方，需要傳達重要的訊息時，就互碰肩膀。如果我們剛好分處巴士的兩端，就得像蜜蜂一樣又揮又跳，吸引對方的注意。

外公在最後一道日光消失前關掉馬達。巴士逐漸恢復寧靜，但我的耳朵仍舊轟轟作響。我手臂痠痛，口乾舌燥，頭髮和皮膚上都黏著一層亮亮的蜂蠟，身上全是奶油和鼠尾草的味道。我從沒這麼賣力工作過，睡覺時間還沒到，身體就昏昏欲睡。外公把儲存桶底部的出蜜口掀起來，在底下放了一個美乃滋罐，裝滿蜂蜜。他拿了一捲印有紅色字體的方形白色標籤，在罐子上貼了一張：

野花蜜

美國嚴選

大蘇爾養蜂場製

E・F・皮斯

「這個給妳。」他把罐子拿給我。「這是妳自己做的。」

蜂蜜在我手中發亮，溫溫的，像是活生生會呼吸的東西。我非常喜歡，因為當一切失去意義時，這罐蜂蜜讓我找到了意義。外公在巴士上努力跟我解釋的事，這罐蜂蜜就是最好的例證——美的東西不會自動送上門，必須努力追求，敢於冒險，才能甜美收割。

但他說是我自己做的，其實並不盡然。我們一起採收了蜂蜜，但製造蜂蜜的是蜜蜂。牠們從多不勝數的花朵採回花蜜，才能釀成我手中這罐小小的蜂蜜。

人類和昆蟲各自以不同的方式跋山涉水，克服危險，竭盡全力辛勤工作，才能達成共同的目標。

我們製造了這罐蜂蜜，因為我們相信自己做得到。

9 被兩股力量強力拉扯

一九七七年

牠們會花時間去探查可能的地點，然後跳舞來表決，集體決定什麼時候分封、搬到哪裡。

我滿七歲那年的夏天，郵筒裡出現了一封給我的信。外婆先看過信，才把信交給我。「妳爸要妳去找他和他的新太太。」她說：「如果妳不想去，可以不要去。」

自從兩年前在車道上道別之後，我跟爸爸就斷了聯絡。我把皺皺的信紙攤開，壓在胸前，描著爸爸的字跡，彷彿要說服自己他真的親筆寫下了這些字，而且是特別寫給我的字。這是爸爸還愛我的具體證據。外婆和媽媽幾乎讓我相信爸爸永遠消失了，現在我有證據可以證明她們完全錯了。我相信我的壞運終於遠去，好事就要降臨在我身上了。我不只可以見到爸爸，還有第二個媽媽。外公告訴過我，**繼**這個字表示同樣的東西你有兩個。我會不會跟蜜蜂一樣，會得到一個新蜂后來取代逐漸失去功能的舊蜂后？

「我想去。」我說：「馬修也會一起去嗎？」

「他年紀太小，不能單獨上飛機。航空公司規定的。」

外婆皺著眉頭把信塞回信封，我無法確定這樣我到底可不可以去。她坐了一會兒，捏著信封的一角，陷入了沉思。

「我們去找妳媽談一談。」她說。

媽媽從床上坐起來，面無表情地把信掃了一遍，就讓它從指間滑掉到地上。她撿起她的平裝本偵探小說繼續讀，好像我跟外婆不存在似的。沒多久，她放下書，從書本上方盯著我們。

「妳們兩個可以走了。」她冷冷地說。

「莎莉……」外婆用安撫小學生的哄人語氣說。她上前幾步走向床。

「**我－說－滾－出－去！**」

外婆嚇得往後跳，舉手按住胸口，匆匆把我趕出房間，再輕喀一聲關上門。我聽到媽媽模糊的啜泣聲，心想我的旅行大概無限期延後了。我走回客廳打開電視，把自己淹沒在肥皂劇的罐頭笑聲中，強迫自己開心起來。我下定決心要去找爸爸，無論媽哭得多傷心，我都不能讓她的悲傷破壞我的計畫。媽媽的心情吸光了這房子的所有活力，讓她身邊的每個人既疲倦又絕望。如今爸爸終於來找我，我不能讓媽媽毀了這個機會。

最後她們決定讓我去。沒有人直接討論這件事，但有一天，外婆說她寫了信給我爸，要他幫我安排為期一週的旅行。離出發的日子愈近，媽媽就愈焦慮。晚上睡覺時翻來覆去、頻頻嘆氣，要我跟爸爸取回的物品清單愈列愈長。

「嘿，嘿，妳睡著了嗎？」她會在半夜輕聲叫我。

我假裝打呼，但她還是會輕輕搖我的肩膀。

「梅若蒂。」

「嗯？」

「別忘了幫我把巴比．達林的唱片拿回來，還有金士頓三重唱。那些都是我的，不是他的。」

我昏昏沉沉，但知道她還會提醒我很多次，所以沒回答。她又戳戳我。「聽到了嗎？妳重複一次。」

「巴比和三重唱。」我喃喃說著。

她飛快地伸手到被子底下，把我翻過來面向她。我心中警鈴大作，醒了過來，眼睛聚焦之後，發現她幾乎跟我臉貼著臉。她抓著我的肩膀一個字、一個字地重複。

「巴、比、達、林，還有金、士、頓、三、重、唱。」

她抓得我好痛，那股絕望感讓我害怕。我重複一遍，只希望她快放手。她放開我之後，我就鑽到床另一邊她碰不到的地方，但她的聲音在黑暗中還是飄進我的耳裡。

「別忘了嬰兒金手鐲，要記得有兩條，一條是妳的，一條是馬修的，上面刻著你們的名字。我知道在他那裡。如果他說沒有，就是在說謊。」

我說好，但只是為了安撫她。那些東西我都不在乎，也不想跟爸爸要，更恨她把我的旅行變成她的旅行。但我知道，要是不順她的意就麻煩大了。每天晚上，她的清單都愈來愈長。她想拿回婚禮那天戴的珍珠項鍊、和跟項鍊一對的淚珠耳環、我跟馬修的嬰兒照、她外婆的羊毛外套。外婆幫我打包時，她也來湊熱鬧，從白色行李箱把我的一些衣服抽出來，怕空間不夠塞她要的東西。因為擔心我記不住所有要拿的物品，她還寫了一張清單，別在行李箱的橘色內襯上。

我的機票終於寄來的那一天，外婆撕開信封仔細查看價錢。「那個小氣鬼要是負擔得起這個，就可以多付點贍養費。」

她坐到書桌前打開抽屜，拿出一張厚厚的乳白色信紙。我聽到她在信紙上振筆疾書、宣洩不滿的聲音。偶爾她會拿起信紙檢查文句，思索片刻後，又把信放回桌上加強自己的論點，直到滿意為止。最後她舔舔信封，把信放進我的行李箱。

媽媽跟外婆派給我很多任務，但我沒有把心裡的煩躁表現出來。一旦飛上天空，享受上飛機以來的第四杯七喜，要忘掉行李箱裡的所有提醒，簡直輕而易舉。我的右肩上貼著「單獨搭機的兒童」的貼紙，而我很快就發現，那表示空姐會一直拿點心和玩具來關心我。漂亮的空姐常來查看我的狀況，問我還需不需要枕頭和蠟筆，或是要不要給我一對銀色翅膀，別在牛仔夾克上。我是飛機上唯一獨自搭機的小孩，所以其他乘客都對我很感興趣，問我一堆問題，好奇我要去哪裡。我太過興奮，忍不住說出口，但不是每次都會得到我期待的反應。有些大人聽到我要去找爸爸很開心，有些則是苦笑一下，馬上轉移話題。

飛機降落後，空姐要我在位子上等所有人都下機再起來。這是規定，對我來說卻像苦刑。看著其他人手忙腳亂拿外套、拿行李，而我只能在座位上彈來彈去，用想像的鏟雪機把他們推下走道，時間彷彿倒轉了。最後，來帶我的空姐終於出現，牽起我的手，帶我下飛機。機場滿滿都是人，好多手腳擋住我的視線，我根本沒辦法好好找爸爸。我抓住空姐的手，害怕自己會在人群中走失。

「妳爸爸長什麼樣子？」

「黑色頭髮，高高的。」我盡可能形容，但幫助不大。我已經很久沒看到他了，不確定自己能不能在人群中認出他。空姐指著一個站在窗邊的棕髮男人，還有一個坐在椅子上看報紙的胖男人。我都搖搖頭，但她還是帶我走向那個坐著的男人。

「先生，請問這位是您的女兒嗎？」

男人嚇了一跳，放下報紙，搖搖頭又把自己藏在報紙後面。我用力在人群中尋找，但還是看不到爸爸。我們穿過人群一次、兩次，又折回去第三次，原本的期待心情逐漸冷卻，有如硬塊般梗住我的喉嚨。爸爸忘了來接我。或者更糟，他沒忘，但還是趕不過來。再不然就是他改變主意，決定還是不想見我。我已經做好最壞的打算，等著空姐帶我回機上飛回加州。外婆說的沒錯，爸爸不是好人。

我感覺到空姐加快了腳步。人群變得稀疏，她的選擇目標愈來愈少。我在想她會不會帶我回家過夜。當她牽著我走向服務台時，有個留著蘑菇頭和八字鬍的男人走向我們。空姐指指他。

「是他嗎？」

那個男人穿著看似迪斯可襯衫的寬領上衣，布料光滑，棗色和綠色的背景印著一圈圈黑色螺旋，下半身是黃褐色的燈芯絨喇叭褲。我爸是短髮，沒有鬍子，平常都穿素色襯衫，紮進寬鬆的直筒褲，跟這人剛好相反。那個人看起來不修邊幅，比較像搭便車的人，或是頑童合唱團的成員。

「不是。」我說。

「嘿，妹妹。」

那個低沉的聲音讓我一愣，我馬上放開漂亮空姐的手。那個人把劉海撥開，咧嘴笑了笑。「妳一定是沒看到我，我一直站在這裡等妳。」他說。

我抬起頭，看見他清楚的美人尖，就知道是爸爸沒錯。我跳進他懷中，把臉埋進他的脖子，吸著他身上WD-40萬用油和歐士派沐浴乳的熟悉味道。當我再度抬起頭時，空姐不見了。爸親親我的額頭，用鬍子搔我癢。

「你變了。」我說。

「哦，因為這個？」他拉拉他的八字鬍。

「嗯，刺刺的。」

他把我放下來，打開我的手臂看看有多長。「我沒想到妳變那麼高。」

我聽得出他語氣裡的驕傲，覺得自己好像光是靠長高就完成了一件了不起的事。在他讚賞的目光下，我既聰明又厲害，全身上下無可挑剔。當他帶著我穿過彎來拐去、人來人往的走廊時，我覺得體內某個零件喀噠一聲卡回原位。我又變回一個完整的人。

爸爸的車子是雙門的福特Mercury Monarch，他叫它「環城香蕉」。車子裡裡外外，從烤漆到座椅都是黃色，方向盤也是，連安全帶都是。鮮豔的顏色讓我原本就雀躍的心情更好了。開車途中，爸爸教我念繼母的名字「笛－安」。我覺得聽起來很迷人，那想必是空姐才會有的名字。爸爸說笛安來自一個義大利大家庭，有很多兄弟姊妹和親戚，接下來幾天我都會見到。總共會有二十多個親戚圍著史黛拉婆婆廚房中央的長桌聚餐，享用義大利麵和起司捲餅，直到撐破肚皮為止。

「而且——」爸爸暫停片刻，故意賣關子，「史黛拉都會準備三道甜點。」

我不知道爸爸過得那麼開心。我只顧著想念他，從沒真正想過他在羅德島都做些什麼。現在我瞭解了——原來他在重新建立家庭。但那些人也是我的家人嗎？我不是很確定這一切要怎麼運作。

「妳有收到我的信嗎？」爸爸問。

我告訴他，我收到了附上機票的那封信。

「那其他的信呢？」

「其他的信？」

爸爸咬著牙喃喃低語，聽起來像在咒罵。我跟他說，我沒收到他寄來的其他信。

「他們一定是把信丟了。」他說。

外婆每天都會從康騰塔路開車去郵局，取出二十三號信箱內的信件，把帳單、新聞雜誌和親友的信帶回家。如果爸爸有寄信給我，我也從沒看過。外婆喜歡說爸爸靠不住，但這件事把外婆變得心機很重。我低頭看我的牛仔連身裙和搭配的夾克，全是外婆為了這趟旅行買給我的。我不懂帶我去買衣服的同一個人，怎麼會偷走我最珍貴的東西。我拚命想找出一個合理的解釋。也許是郵局弄丟了爸的信。也許爸爸不小心地址寫錯了。也許外婆只是想等我大一點，再把信給我。爸爸真的有寫信給我嗎？或者只是說說而已？還是有太多祕密和謊言在我頭上飛來飛去，我得自己去弄清楚？

「你為什麼不打電話？」我問。

「我打了。但妳外婆掛我電話。」

我動彈不得。外婆、媽和爸陷進一場我無力抵抗的戰爭。我的家庭跟蜂窩剛好相反，不但不會為了彼此而努力工作，只會想著讓對方痛苦。

爸爸打開收音機，節奏強烈的爵士旋律填滿車內，音樂把我們的壞心情輕輕吹散。他跟著節奏敲著方向盤，告訴我這首曲子的薩克斯風手叫查爾斯·洛依德（Charles Lloyd），就住在大蘇爾。我跟外公去巡視蜂箱時很少看到其他人，很難想像有人住在那裡，尤其還是個名人。

「法蘭克還在養蜜蜂嗎？」

我告訴爸爸，外公正在教我怎麼當養蜂人。

「我記得他帶我進去那輛老巴士一次。」爸說。

「你進去過巴士？」我不敢相信我生命中相隔那麼遠的兩個人曾經走在一起。

爸爸的眼神變得很遙遠，說那是我出生前的事。「妳外公對我一直很好，記得替我問候他。」

我說好。

爸爸現在住在納拉甘西特灣另一邊的威佛村，以前是殖民小鎮，大街上都是十八世紀的磚牆建築。我們經過港口，看見帆船在水面上輕輕搖晃，然後轉進一片有著鮮豔遮陽板和紗窗門廊的新英格蘭式平房。爸爸在一棟顏色褪掉的藍屋前停下車。我們一現身，紗門馬上彈開，一個嬌小的女人開心地跑過來。深色頭髮綁成一條長長的馬尾，全身上下都很時髦，高跟鞋特意搭配衣服，還上了妝、塗了指甲油。我立刻想到開著敞篷車、愛做白日夢的媽媽。

「百聞不如一見。」她說，給我一個散發香奈兒五號香水味的擁抱。

笛安抓著我轉了一圈，好把我看個清楚。

「妳根本是妳爸的翻版。」她說。她的發音很特別，口音讓我緊張地笑出來。但她也跟著我笑，好像我們是閨密，正在分享姊妹間的笑話。「有誰想吃冰淇淋啊？」

就這樣，她過關了。

一走進爸爸的新家，熟悉的東西讓我彷彿回到過去。我認出過去生活的一些零碎物品，但放到新環境裡，讓我不太確定自己想起了什麼。一樣的黑色假皮沙發，但多了一隻黑白兩色的大貓，窩在貝蒂以前坐著玩我頭髮的地方。一張搖椅橫木上畫的老鷹圖案有點眼熟。爸爸的盤式唱機放在客廳，但現在跟一台直立的自動鋼琴擺在一塊。

笛安坐在鋼琴椅上，拍拍她旁邊的位子，我走過去坐下來。她掀開琴蓋，露出裡頭的象牙琴鍵。她把一個打了小洞的卷軸插進鋼琴前的小窗，腳放在兩個踏板上，一次踩一個，琴鍵就開始自己動起來，奏出貓王的歌〈Hound Dog〉。我下巴掉下來，好像看到鬼魂在彈琴，我要她再弄一次，然後再一次，著迷得無法自拔。笛安換上另一張卷軸，〈Great Balls of Fire〉的旋律就流洩而出。她打開旁邊的櫃子，上層滿滿都是卷軸，一直堆到天花板。

就這樣，我開始了一個禮拜有如公主的生活。我假裝自己是一對恩愛夫妻溺愛的獨生女，甚至不需要跟馬修分享大人的關愛——這是很邪惡的想法，但我克制不了自己。我迫不及待要嘗試不同的生活，完完全全融入我的新角色，甚至把媽給忘掉了。爸爸跟笛安接下來七天安排了很多活動，我根本沒時間想加州的事。我們到海邊野餐，開車去採草莓，熬夜做果醬。笛安用她的縫紉機幫我做衣服，還讓我搽她的面霜。週末，我們到她家吃豐盛的義大利晚餐。她的爸媽和兄弟姊妹都很活潑外向，愛說笑話，食量又大，把我的盤子堆得好高，還邀我去地下室玩足球機、騎協力車跟打羽毛球。回家之前，我的新舅舅阿姨們塞給我五元的鈔票，讓我「買冰淇淋」。

我對受盡寵愛的感覺上了癮，不久就把規矩拋到腦後。每次我跟爸爸或笛安要到一樣東西，膽子就會變大，想要更多。雖然有被寵壞的危險，但我抗拒不了誘惑，還是想試探他們對我的愛有多強大，經得起多少考驗。每次得到正面的回應，就像打了一劑多巴胺，那聲「好」讓我心裡癢癢的。我鼓勵他們溺愛我，因為這樣可以驅散這一切都會結束的恐懼。再過不久，我就要回到一個不以我為中心的世界了。

有天晚上，我們三個人躺在床上看電影，笛安起身問我們想不想吃什麼東西。

「英式馬芬！加奶油！」我命令她，眼睛一直看著電視。

笛安推推我，手指著爸爸。只見他站在門口，雙手扠腰。「請人幫忙都不用說**謝謝**

嗎？」他問。

我很羞愧。這陣子以來，我忘了自己是誰，變成一隻貪得無厭的雛鳥，無論爸爸在我嘴裡放多少隻小蟲，我還是不滿足。我要的甚至不是食物，只是想知道他會放縱我到什麼程度。如今我終於發現他的底線。

「謝謝。」我沙啞地說。

他點點頭，我倒回床上，拉起被單蓋住頭，躲避他對我的責備。我差點就失去爸爸了。我在心裡發誓要更有禮貌，還要變回把想法藏在心裡的女孩。

隔天早上我看見爸爸的時候，他正咕嚕咕嚕喝著牛奶，笛安把三明治放進保冷箱。爸穿著短褲，腳踩的皮革休閒鞋吸了太多鹽分都已裂開。這時候的新英格蘭夏季早晨，空氣已經像奶昔一樣黏稠，坐過的家具都會黏在腿上。爸爸喝光牛奶，把杯子放進水槽。我不確定他是不是還在生我的氣，所以等他先開口。

「我們去吹吹風。」他說。

這句話讓我知道他原諒我了。

海灘是跟爸爸和笛安度過最後一天的完美選擇。遠離了時鐘、電話和行程表，在海邊總覺得時間變慢了。我想把最後的一天拉長，害怕要再次跟爸爸道別。想到要再次放開他，讓我難以承受，因為那會喚起之前我們被拆散的痛苦回憶。我好怕每次分開的那種感覺又回來，就像身體被爪子刮過去，把我從鎖骨後面穿過內臟到肚臍整個抓破。我好怕自己一個人坐上飛機。我不知道自己是不是堅強到可以面對。

當藍色大海映入眼簾時，我把這些想法都拋到腦後。一定有人先打電話來包下這片沙灘，因為停車場空空的，只有在頭上盤旋的海鷗和少數幾個正在脫下濕答答泳衣的衝浪客。我們沿著木棧道走，經過一間小吃店，有台機器轉著棉花糖，二樓空蕩蕩的旋轉木馬伴著懷舊的鋼琴音樂轉動著。我們走到一片沙丘上，弦月型的藍色大海一閃一閃在眼前展開，冒著泡沫的海浪規律地捲向海岸。

爸爸第一個衝到海邊，往膝蓋潑水，我跟在他後面，碰到水時忍不住尖叫，皮膚好像被冰針劃破似的。大腿四周浮起白色泡沫，潮水後退時，吸走我腳下的沙，發出嘶嘶的聲音。爸爸將手高舉過頭互拍，像箭一樣穿過迎面而來的一道浪，往下潛去，再從另一邊冒出來。他仰躺在海上漂浮，展開雙手呈大字形保持平衡，大腿像鯊魚鰭切過海水。他看起來毫不費力，身體彷彿是用保麗龍做的。他抬起頭叫我。

「該妳了！」他大喊。

我模仿他的動作，直接撲進下一道滾滾而來的大浪。海水好刺眼，我眨眨眼，雖然模模糊糊，還是可以看見在我周圍發出磷光的小生物，有如海中的金粉。我朝著有光的方向踢水，衝出水面時，我感覺到有雙手從後面抱住我，突然間我就坐在爸的腿上，靠在他胸前，彷彿坐上了王位，爸爸挺起背為我擋住下一道浪。

他教我吸飽空氣再屏住呼吸，然後躺在海上漂浮。我們像海獺在海中玩了好久，我的手指皺得像梅乾。最後我的肚子餓得咕嚕咕嚕響，我們便趴在水面上，乘下一道浪回到岸上，跟笛安一起坐在墊子上吃午餐。

「你們去那麼久，我都要打電話給海巡隊了。」她開玩笑地說，遞給我們火腿三明治，撕開一包洋芋片放在野餐墊中間。爸爸大口嚼三明治，四口就吃光光。接著，他打開四肢躺下來，用毛巾墊著頭，把一小堆洋芋片放在肚皮上，喀茲喀茲地嚼，滿足地長聲一嘆。

「不敢相信我還得回去工作。」他對著湛藍的天空說。我猜意思是說他也不想要這個禮拜結束。

我用腳趾去挖沙子。

「我也是。」我說。

笛安默不出聲，伸手在我背上抹圈圈。我們安靜地吃完午餐，慢慢咀嚼，我努力不去想明天的事。

蜜蜂在蜂蠟上雕塑出蜂房。
（Kendra Luck 攝）

我七歲那年，爸爸寄了飛機票給我，我獨自搭飛機到羅德島找他。我們已經兩年沒見。

萬聖節我扮成獵犬，頭上套著一雙外婆的褲襪。我在圖拉西多小學的同學海莉扮成芭蕾女伶，充當我的保鏢。

1983 年跟外公外婆一起去加州的荒涼小鎮。我十三歲，馬修十一歲。

1984 年在內華達山脈玩雪。我十四歲。

外公堆在院子裡的水電零件，這只是冰山一角。野貓喜歡到零件堆裡抓老鼠。

2011 到 2014 年，我跟我的編輯在《舊金山紀事報》大樓的屋頂養蜜蜂。那段期間，我常開車回卡梅谷向外公請益。（Jenn Jackson 攝）

孵育蜂后的巢室長得像掛在蜂窩上的花生殼。較小的突出巢室（左下方）住的是雄蜂寶寶，右邊封起來的平坦巢室住的全是雌性的工蜂寶寶。

2012 年，外公在檢查後院的蜂巢，一如往常沒戴手套。他說他不介意偶爾被蜜蜂叮到，還認為蜜蜂的毒液讓他不會得關節炎。

外公這一生開過很多輛養蜂貨車；這是他開的最後一輛。（Jenn Jackson 攝）

2015 年，在舊金山的城市農場「小城花園」（Little City Gardens）照顧我的蜂巢。我剛把新蜂群移到一個空蜂巢內，蜜蜂繞著圈圈、飛來飛去在確認方位。（Jenn Jackson 攝）

檢查蜂巢裡新產的卵，這樣就能知道蜂后有沒有善盡職責。蜜蜂把蜂蜜儲存在靠巢框上面的角落，中間是孵卵的巢室。（Jenn Jackson 攝）

蜂后（以藍點標示）被蜂群團團圍繞，這些隨從會餵牠、幫牠清理，還會撫觸牠。（MaryEllen Kirkpatrick 攝）

外公的最後一個蜂箱。2015 年，卡梅谷。

蠟蛾和蜘蛛占領了外公最後一個蜂箱。2015 年，一小群野蜂試著在他廢棄不用的器具裡建立地盤。

一隻覓食蜂把花粉粒塞進後腿的「花粉囊」帶回蜂窩。花粉是蜂群的蛋白質來源。

2015 年，在大蘇爾的葛萊姆斯牧場把外公的骨灰灑進大海之後，我跟弟弟馬修擁抱。
（Jenn Jackson 攝）

1990 年，六十四歲的法蘭克林．皮斯（Franklin Peace）靠著他最喜歡的躺椅。
他喜歡傍晚時分坐在上面，看他的蜜蜂飛回家。

那一週，爸爸每天都會來哄我睡覺，那晚也不例外，但他坐得比平常更久。他關掉電燈，窗外的捕蚊燈在房間打下紫色的光。

「我希望妳不用回去。」他說，把被單拉到我的下巴又坐下來，彈簧床承受了他的重量而嘎吱作響。我聽到他抓頭皮的聲音，那是他緊張時的反射動作。

「所以，妳喜歡住在加州嗎？」他問。他的話在黑暗中聽起來特別凝重。

一隻大蛾飛進捕蚊燈，被嘶嘶電暈。

「我的意思是，」他接著說：「妳在那裡開心嗎？」

這些都是沒人問過我的大問題，我不確定他想聽到什麼樣的答案。我從未想過自己開不開心，一下子答不出來。我不像音樂課嘻嘻哈哈的小孩那樣開心，但也不像媽媽那麼傷心。我介於兩者之間，但那是我應該在的位置嗎？我不確定，於是我扯著被單上一條鬆掉的線頭，沒回答。

這是我們迴避一個禮拜的嚴肅對話。我跟爸爸都不希望殘酷的現實打斷我們的假期。此刻，他的話破解了魔咒，提醒我這一週來每天二十四小時當他的女兒，不過是一場美夢。

爸爸又換另一個方式問。

「妳母親對妳好嗎？」

好不是正確的形容詞。媽就是媽，沒有對我好，也沒有不好。說真的，她什麼都不是。我努力尋找正確的字眼，但還是想不出該如何形容她。爸爸一定以為我沉默不答是在隱瞞一些事。他放低聲音，幾乎像在耳語。

「妳媽有沒有……打過妳？」

我從床上猛然坐起來，突然很不喜歡這段對話的走向。這個問題太扯了。媽媽絕不會做那種事。「什麼？沒有！」

尷尬的沉默在我跟爸爸之間延伸開來。我還沒跟他提媽媽列的清單，或是外婆給他的信，不是故意隱瞞，而是開心熱鬧的一個禮拜下來，我真的忘了這些事。他又抓抓頭，說他很高興加州的一切都好。

「但是妳有什麼事隨時可以跟我說，好嗎？」

這好像是拿出媽媽那份清單的好時機。我從床底下拖出行李箱，找出外婆的信拿給他。

「這是外婆給你的信。她想多要一點錢。」

爸爸沒打開信就把它揉爛，丟進書桌旁的廢紙簍，當作沒這回事。

「她的信太傷人，我已經沒辦法看了。」

我遞給他媽媽想取回的物品清單。爸爸把紙放在床上，然後清清喉嚨。

「妳會不會比較想跟我住？」

他的提議像彗星的尾巴在黑暗中發亮，美麗，卻遙不可及。經過一個禮拜的玩樂，我的內心在大喊「好」。但這樣私下跟爸爸討論離開卡梅谷的事，不知為何給我一種偷偷摸摸的感覺。我不能丟下馬修。外公也會失去一個幫手。女兒不能丟下母親，不是嗎？這種想法好像很不應該。爸爸的提議雖然吸引人，但我覺得我沒有資格或權力換掉自己的父母。蜜蜂都是一塊決定要住什麼地方。牠們會花時間去探查可能的地點，然後跳舞來表決，集體決定什麼時候分封、搬到哪裡。牠們會事先討論，聽取大家的意見。要是我自己決定這件事，麻煩就大了，難道不是嗎？

「妳不一定要回去。」他說。

爸爸焦慮地轉著手錶，等著我回答。這個重大的決定壓得我喘不過氣，我有種肺部缺氧的感覺。我知道爸提議的這件事絕不能跟其他人說。我擔心那是騙人的，但要是他再問一次，我會說好。只是我也擔心要是我沒回去，外婆和媽不知道會做出什麼事。我想要卻不能要的東西——我的世界裡的大人都能和平相處，讓我陷入天人交戰。我難以決定，覺得快要窒息，希望爸爸能幫我做決定。

當沉默變得難以忍受時，我輕聲對爸爸說，我沒事。

我說我想待在加州。我騙他家裡一切都還好，媽媽也還好。這是我知道最好的結果，就選擇這麼做了，即使這表示我又要回去面對心碎的媽媽。不過一旦做出選擇，我就後悔自己做了選擇。

「只要妳改變主意，還是可以來跟我住，知道嗎？」他說，親親我的額頭。

他關上門，我盯著捕蚊燈打在牆上的紫色圖案，不知道自己是不是犯下一個大錯。終於睡著之後，我夢到有個咯咯尖笑的巫婆用細長的手指掐住我的腰，把我折成兩半。

爸爸把我搖醒時，天還沒亮。我們開車離去，告別七天來恍如隔世的生活，笛安在車道上揮著手。爸爸在一家甜甜圈店停下來，我一口氣吃了三個油油亮亮的甜甜圈，甚至沒注意是什麼味道。

「明年夏天見。還有馬修。」他說。

「還要好久。」我說。

途中，我們想不出其他話可說，已經感受到即將面臨的離別時刻。到了要上飛機的時候，爸爸不得不把我的手從他的脖子上扳開。另一個像洋娃娃的空姐突然冒出來，牽起我的手。這次我知道整個流程了。我讓她在我的衣服上貼上貼紙，帶我上飛機，同時竭力忍住不往後看。

她一直到我坐上座位扣好安全帶，才放開我的手。她一走，我就把頭埋進手裡大哭，傷心到根本不管其他人是不是在看我。我渴望跟爸爸在一起的程度連我自己都驚訝，因為現在我知道自己錯過了什麼。但選擇跟他住，我就必須放棄加州的生活，那也不是我想要的。我想跟他在一起，**也想**待在加州。兩個我都想要，只是沒有這個選項。我不知道自己是不是做了正確的決定，我希望有人來告訴我該怎麼做，不管是誰都可以。想要把這件事想清楚，就像身體被兩股力量強力拉扯，爸拉著我的一隻手，媽拉著另外一隻。我盡量只去想這趟旅程開心的部分，比方自動鋼琴，還有跟義大利親戚一起吃義大利麵，但發現那些都不真正屬於我，讓我哭得更加傷心。

空姐走過來，跪在走道上遞給我面紙。她拍拍我的手臂，安慰我不會有事的。我別過頭，不想聽那些愚蠢的承諾。她不認識我，根本不知道發生了什麼事，這麼說只是因為我打擾到其他乘客。我繼續大哭特哭，不理會著色本、蠟筆，以及她放在我腿上的爆米花。我哭到鼻子整個塞住、再也不能哭為止。我把頭靠在圓窗上，閉上眼睛，希望外頭的天空可以把我整個吞沒。

後來，我斷斷續續睡著，重複著醒來、忘了自己在哪、想起來又昏睡過去的過程。飛機降落時，我又餓又焦躁，有點懷疑媽跟外婆為什麼要為我畫一個「我們對抗他」的家庭關係圖。

外婆在出口等我，看到媽也來了我很驚訝。我以為這表示媽媽一定也很想念我。我放鬆了一點；也許加州是正確的選擇。走去開車時，我們隨便聊了幾句。我說天氣很好、很好玩，看到爸爸很開心等等。

「那很好。」外婆說。

接下來還有兩小時的車程。我往後座一躺，外婆發動引擎，媽媽扣上副駕駛座的安全帶，然後轉過頭看我。

「她長得怎麼樣？」

我愣了一下，才反應過來。

「不知道。她的頭髮是深色的。」

「『不知道』是什麼意思？她有比我漂亮嗎？」

我摳著指甲，不想回答。

「她幾歲？」

我說我沒問。

「好，那妳覺得她看起來比我年輕，還是比我老？」

我轉過頭，盯著車頂看。

「梅若蒂！妳聽到沒有？」

我說我累了。我努力想要睡著。外婆默默開著車，媽媽問個不停。我把她的聲音擋在外面，最後她說的話變得模模糊糊，我的身體又回到史黛拉的家。美乃滋醬在爐子上冒泡，杜克外公啪一聲打開啤酒，聊著他的高爾夫球賽，爸爸假裝聽得津津有味。羅蘭舅舅在車道上修補獨木舟的破洞。傑夫舅舅推著我玩輪胎盪鞦韆。還有一群人在後院踢足球。

媽媽問我有沒有把清單上的東西都拿回來。

外婆盯著前方的路。「回答妳媽的話。」她命令。

我喃喃地說只拿了嬰兒照。媽皺起臉，好像聞到一整瓶酸掉的牛奶。

「可惡！我明明交代妳了！連這麼簡單的事，妳都做不好！」

媽跟外婆開始一來一往地爭執，回家之後該不該讓我打電話給爸爸，要他把漏掉的東西寄來，還是由外婆再寫一封信給他。媽媽希望我馬上打電話，讓她在旁邊偷聽。外婆說服她先別這樣，最後兩人決定先寫信。她們的對話讓我清靜了十五分鐘，之後媽媽又把注意力轉向我。

她問我爸爸的新房子有多大？他們開什麼車？笛安會下廚嗎？她都煮些什麼？我回答

得很簡短，讓她更火大，兩手一翻。

「妳是怎樣？從頭到尾都在睡覺嗎？」

我告訴她我們禮拜日去上教堂。媽嗤之以鼻。

「她是天主教徒是吧？她家人會怎麼想？離婚的天主教徒不能再婚，妳知道嗎！」

我受不了了，生氣地從後面踢著她的座位。「我不知道！」

外婆終於插話。「梅若蒂，**不准**妳用這種口氣跟妳媽說話！」

我也踢了外婆的座位。「爸說妳把他寫的信全都丟掉了！」

這下子，我們三個成了關在籠子裡的猴子，開始尖聲大叫。

「我沒做那種事！」外婆說：「他竟敢胡說八道！」

有人沒說實話，但我不在乎了。為了想清楚該拿我的生活怎麼辦，我已經累垮了，只想倒頭就睡。媽媽一路上繼續質問我，換個方式問同樣的問題，想辦法要套我的話。但是到家時，她才問了她真正想問的問題，聲音突然間變得細小，像個小孩。

「妳爸有問起我嗎？」

我遲疑了一下才說：「沒有。」

她整個人挫敗地沉進副駕駛座。

下車之後，我發現車棚左側外公辦公室的門開著。我找到他時，他正伏在桌上，面前堆滿他自製的紅木工具，紙張推到一邊。他在組合新的巢框，把鐵絲穿進木框。平行的鐵絲用來支撐薄如紙張的蠟製巢礎，上面印有六角形，讓蜜蜂照著這個基礎建造新蜂窩。他用拆下的燈泡座改良成的裝置將鐵絲加熱，再把薄薄的巢礎按在熱鐵絲上焊接固定。

「妳回來了！」他說：「太好了，過來幫我忙。」他拿給我一把鉗子。「幫我把鐵絲剪斷，好嗎？」

外公的辦公室有股熱蜂蠟、灰塵和鬍後水的味道。我深吸一口，馬上覺得心情平靜下來。這一刻我才發現我有多麼想念他。我想念蜜蜂，想念跟他一起開車去大蘇爾。

他把完成的巢框遞給我，意思是要我再拿空的一片給他。他把新的一片放在工具上，繼續穿鐵絲。他問我玩得開不開心，我就跟他講一遍我們去海邊玩、我繼母，還有我吃了好多冰淇淋的事。我還說爸爸要我問候他。在車上沒說的事，我全告訴了他。

能跟一個真正想聽我說話的人聊這趟旅行，對我來說是一大安慰。我問他蜜蜂怎麼樣，他說他這幾天忙著抓分封的蜂群，總共抓到了三群。

「其中一群在很高的梁柱上。」他說：「如果妳在，就可以幫我扶梯子。」

「你把分封的蜂群放在哪裡？」

「後院，跟其他蜂巢放在一起。」

他抬起頭，看出我想要說什麼。他放下工具，站起來拉一拉下滑的褲子，牽起我的手。

「好，我們去看看蜜蜂。」

他的手包住我的手，我感覺到他手上的繭刺著我的手掌。當下那一刻，我知道自己做了正確的選擇。

10 我沒想到蜜蜂會生病 一九七八年

我看著他從車子後面拿出一把鏟子，走到離蜂箱一段距離的地方開始替他的蜜蜂挖墳墓。

媽媽從房間大聲喊我。有時她需要水或阿司匹靈的時候會叫我，所以我以為這次也不例外。但走進房間時，卻看見她在櫃子裡翻來翻去，把最上層的盒子和毛衣推開，拿出一盒桌遊遞給我。

「我需要妳跟我一起玩。」她坐回床上，把盒子拿過去打開，取出遊戲。

「這是什麼？」

「碟仙。」她說，停下來喝了一大口汽水，蒼白的手指上還夾著一根香菸。

她拍拍床單，示意我坐在她旁邊。她把圖板放在我們倆面前，我看見最上角有個月亮，另一角是太陽，中間是字母，底下有一排數字。底部是**是**、**否**、**再見**幾個選項。怪的是，這盒桌遊沒有紙牌、沒有骰子，也沒有棋子，看起來無聊死了。

「要怎麼玩？」

「這個遊戲可以讓妳跟靈魂溝通，」媽媽說：「比方跟我死去的外婆。」

我愣了一下才反應過來。她想跟她外婆的靈魂說話，要我陪著。我對刺探死後的世界沒興趣，因為大家都知道鬼魂不是好惹的，而且說到報復，它們絕對占上風。但媽是認真的。她用就事論事的口吻跟我說話，好像真的**相信**自己可以跟鬼魂對話。她老是窩在床上研究星盤，但不知何時開始，從占星術踏進降靈會的領域。我沒想到會有這種發展，擔心她會不會在房間待太久，腦子開始捏造出想像的朋友。我不知道該說什麼。

「我也有外婆的。」她說：「我很愛我外婆，她是世界上唯一對我好的人。可惜妳沒有機會認識她。」她臉上閃過一抹留戀不捨的神情。「她在妳出生前就過世了。」

她把菸灰彈進菸灰缸，拿起一個白色塑膠三角板，上面嵌了一片圓形的透明玻璃。

「我們兩個都要把兩根手指頭放在上面。接著，妳要閉上眼睛，靜止不動。鬼魂如果想說什麼，三角板就會開始移動，拼出它想說的話。」

聽起來有點詭異。但媽媽很少邀我跟她一起做一件事，也許這是她好轉的跡象。儘管害怕，我還是學她把兩根手指放在三角板上。我的手碰到她的手，感覺像個小小的擁抱，比起她晚上睡覺時昏昏沉沉地抱住我，更像表達愛的刻意舉動。我們保持這個姿勢等了幾分鐘，兩隻手同時按住塑膠板，眼睛盯著它不放，希望它快點動。跟媽媽坐得那麼近感覺很好，我其實不在乎塑膠板會不會動。她邀我跟她一起做一件事，這樣就夠了。

最後，我終於感覺到指尖傳來小到不能再小的震動。

「是妳在動嗎？」我問。

「噓，我正在跟她聯絡。外婆，是妳嗎？」

三角板加快速度轉來轉去，最後停在**是**上面。

我打了個冷顫。我很確定我沒動，如果媽也沒有，那就表示某個隱形的力量真的控制了這片板子。我全身虛軟，只為了百分之百確認自己不會不小心動到它。我聽到媽媽的呼吸變得急促。

「妳有什麼話想跟我說嗎？」她輕聲問。

三角板在圖板上切過來切過去，快到我們晃來晃去才趕得上它。媽伏在圖板上，透過三角板的透明圓圈看清楚底下的字母，然後一個一個拼出來，破解鬼魂要傳達的訊息。

I-M-I-S-S Y-O-U.（我想妳。）

我的腸胃在翻騰，突然想尿尿。媽媽的外婆真的透過某種方式在跟我們說話。不到五分鐘，這個天真的遊戲成了某種神祕儀式，我突然覺得自己好像困在一部恐怖電影裡。我屏住呼吸，在房間裡尋找超自然力量的跡象。因為毛骨悚然，所以一有動靜就會讓我嚇一跳。窗簾後面是什麼在動？門邊有腳步聲嗎？那是一陣冷風，還是死去的外婆在房間裡飄來飄去？我想逃，但嚇到無法動彈。三角板暫時停住，那個隱形的力量在等我們問下一個問題。媽媽坐起來，緊緊閉上眼睛專心地想。

「我會不會再找到另一個丈夫？」

三角板沒動。她又問了六、七次同樣的問題，它還是沒動。幾秒前還在這裡的力量，顯然已經回到另一邊的世界。到此為止。我心想，碟仙也不怎麼樣嘛。

但媽媽還不打算放棄。她一直弓身低頭看著圖板，散發除非得到答案絕不放棄的決心。

這時候，我才真正開始恐懼起來。比起鬼魂，發現媽媽有可能失去理智更加可怕。她相信碟仙是真的。她需要這個廉價的占卜遊戲來跟她保證自己會時來運轉。

看到她祈求上天賜給她一個男人，讓她重新快樂起來，我為她感到難過。她在跟宇宙、跟死去的人、跟空無，祈求一丁點的希望。自從夏天我去找過爸爸之後，她就愈來愈焦躁。這件事似乎更讓她強烈感受到，自己在原地踏步的時候，沒有她的生活竟然照常運轉。

我跟媽媽繼續等著，但三角板還是沒回應。媽又問了一次，這次更大聲，好讓鬼魂清楚聽見。眼看還是沒答案，她開始討價還價。

「好吧，那男朋友呢？我會不會很快交到男朋友？」

我們又等了一下。我的手臂原本睡著了，現在卻好像有個蟻丘在我肩膀上爆開，一群螞蟻兵團快速擺動著小腳跑向我的手指。最後，我的手指滑開，不小心把三角板打到右邊。

「等一下！它剛剛動了，往**是**那邊動了。」媽媽撲過來把我的手抓回圖板。看到三角板又不動了，她只好妥協。

「我就把它當作『是』。它明明移到那邊了，妳也看到了吧？」

「沒錯。」我說，揉揉抽筋的手臂。聽到外公發動引擎熱車的聲音，我站起來要走。我們說好要去岸邊巡視蜂窩。

「還不行！」媽媽大喊，抓住我的手腕把我拉回去。她的力道太大太急，捏痛了我，那種粗魯的動作讓我不安。

「啊，好痛。」

「抱歉。」她心不在焉地說，頭抬都沒抬。「再一下就好。五分鐘。」

我揉一揉手腕上剛剛被她抓過的紅印子，知道自己別無選擇，非得陪她玩到她甘心為止。我被困在自己媽媽逐漸崩壞的心靈中，只聽見車子的引擎加速聲，擔心外公沒等到我就先走了。

「那麼這個男朋友……他會很有錢嗎？」

這次我騙了她，直接把三角板狠狠推到**是**的上面。我想我們都知道是我動的手腳，卻都沒說什麼。我非想辦法擺脫這個遊戲不可，因為不管要多久時間，媽一定會逼迫鬼魂說出她想聽的答案。所以我就想出一個我們都能接受的善意謊言。

媽媽把遊戲收回盒子時，臉放鬆了下來。她把盒子拿給我，我將它塞回櫃子裡，埋在毛衣底下，希望她會忘了這盒遊戲。我轉過身時，她已經含著微笑打起盹。知道好日子不遠了，令她心滿意足。

我在貨車的後檔板上找到外公。他坐在上面用檢查耙挑起靴子裡的泥巴。

「我還以為妳忘了。」他說。

「媽在玩算命之類的東西。」

外公把頭歪向一邊。「什麼？」

「碟仙。」

「從沒聽過。」

「還是克里比奇比較好玩。」我說。那是外公最愛的遊戲。他用火柴代替木釘，在一塊木板上鑽洞當作圖板，教我怎麼玩。他笑了笑、打開副駕駛座的門，學司機誇張地揮手一鞠躬，示意我上車。

我們抵達大蘇爾的時候，天空仍是一片橘紅，晨霧低掛空中，籠罩著海岸線。腳下的土壤濕濕的，我們走向外公在葛萊姆斯牧場中一個較小的養蜂場。外公穿過一片野花叢，我拿著噴煙器和防蜂面網跟在後頭。這裡是他最容易到達的一片養蜂場，蜂箱聚集在空曠的草地上，一號公路和太平洋就在腳下。很久以前，他有個住在這片牧場的親戚開始養蜂，但不到一年就失去興趣，他跟外公尋求了幾次建議，建議變成教學，教學變成託管，最後外公就接收了整個蜂巢。這期間，蜜蜂自然而然繁殖得愈來愈多，我跟外公走進這片空地時，總共有二十八個蜂箱伴隨著第一道日光開始嗡嗡甦醒。

夏天的花蜜期逐漸遠去，天黑得愈來愈快，天氣也轉涼了。秋末的收成不會像夏天那樣大豐收，而且外公得小心不能採收過量，蜜蜂才有足夠的存糧捱過冬天，等待春天花朵再度綻放。一旦真的變冷，蜂群就會留在蜂巢裡過冬，擠在一起抖動翅膀，製造熱氣。蜜蜂把中間最溫暖的地方讓給蜂后，蜂后也會放慢產卵的速度，節省精力。最外圍的蜜蜂如果太冷，就會往裡頭爬，暖暖身體，把其他蜜蜂往外推。所有蜜蜂就這樣輪流交換位置，幫彼此保暖。嚴格說來，牠們不是在冬眠，比較像是生活的步調慢下來，就算飛出去也只是去方便或取水。外公說，蜂群會事先做好過冬的準備，把大量花粉和蜂蜜儲存在最接近蜂巢牆壁的巢室，這樣牠們的冬季食物櫃就可以兼具營養補給和絕緣抗寒的功能。外公熟知每個蜂群的習性和覓食習慣，也知道哪個蜂巢有多餘的蜂蜜、哪個剛剛好、哪個要是不人工餵食就會餓死。

外公會把他從噹噹養蜂器具型錄上買來的花粉餅放在存糧不足的蜂巢上。那是用花粉和啤酒酵母做成的，有點黏，形狀像扁平的鬆餅，顏色像花生醬，一塊塊用蠟紙包起來。他把花粉餅放在育幼蜂巢的上面，這樣育幼蜂不需走遠就能補充熱量。有時候，外公會把等量的水和白糖混在一起，把糖水倒進空的美乃滋罐，用錐子在蓋子上鑽孔，再將罐子倒放在他切割的木板上，讓罐子滑到蜂巢入口，當作餵食器。木板上刻了洞，讓蜜蜂舔食從罐子滴下的糖水。第三個方法是把蜂蜜充足的巢框拿出來，跟存糧不足的巢框交換。

我們今天的任務是打開所有蜂巢，重新把巢框從重到輕排列一遍。如果有多餘的蜂蜜，再帶回蜂蜜巴士採收。

走近養蜂場時，一群鳥從地上跳起來，用牠們的語言放送「有人入侵」的消息，有山雀、鶯和藍松鴉。翅膀齊飛的聲音，聽起來像操場上迎風翻飛的旗子。我停住片刻，感受牠們同時振翅高飛的聲音震撼力。我跟外公看著牠們飛往格拉帕塔峽谷，遠離視線後，我低頭看鳥群剛剛發現了什麼好玩的東西。

腳下響起喀札喀札的聲音，原來我正好踩在一片蜜蜂戰場上，地上散落著雄蜂的屍體。有些還剩一口氣，拖著身體在殺戮戰場上亂轉，腳不是斷了就是跛了，每走幾步就會摔倒。有隻可憐的雄蜂奮力想飛回蜂巢，卻一直被守在門口的蜜蜂攆走。有兩隻蜜蜂甚至還攻擊他，各咬住牠的一邊翅膀拉扯，最後，三隻蜜蜂都摔到地上扭打。我驚駭地看著牠們咬下牠一邊的翅膀，其中一隻守衛蜂抓起虛弱的雄蜂飛到離蜂巢幾碼外的地方，將牠隨便一丟。

外公一定也看到了那些雄蜂，卻滿不在乎地踩過去，把牠們壓扁，一邊繼續進行準備工作，將噴煙器點燃並戴上防蜂面網，好像沒事一樣。我抓抓他的袖子，指著地上的慘狀。他低頭一看，把噴煙器遞給我。我小心翼翼握住風箱的部分，免得被燙到。

「冬天快來了，」他說：「食物不夠分，小姐們只好把男士踢出去。」

就在這個時候，一隻黃蜂像噴射機轟轟飛來，流線型的光滑身體降落在正要吃力站起來的雄蜂背上。黃蜂三兩下就把雄蜂的頭咬斷，吃掉牠的眼睛，無頭的身體還在抽搐。我露出痛苦的表情，問外公蜜蜂為什麼突然變得那麼殘忍。

外公說，雄蜂每年都會被踢出來。

「少幾張嘴吃飯。」他說。

雄蜂會盡力反抗，但一個蜂巢裡有成千上萬隻雌性工蜂，只有幾百隻雄蜂，所以牠們毫無勝算。

「記得我跟妳說過雄蜂什麼都不做？每天都在打混討吃的。」

我點點頭。

「妳看，天下沒有白吃的午餐。你幫別人，別人就會幫你。如果只想到自己，那就……喀！」他用食指慢慢劃過脖子。

「我的老天啊！」我模仿外婆最愛說的一句話。

外公說，那沒什麼大不了，等到天氣變暖，蜂后就會生出更多雄蜂。

那一刻，我非常非常慶幸自己是女的。蜂巢是母系社會，建立在分工和賞罰的基本原則上，但這種姊妹力量大到似乎有點太超過。殺掉自己的兄弟總覺得哪裡怪怪的，就算他好吃懶做也一樣。況且我跟外公看過很多大自然的節目，知道動物都要有公有母才能生寶寶。要是蜂巢把雄蜂都踢出來，讓牠們活活凍死，蜂后要怎麼產卵？

聽了我的問題，外公沒有馬上回答。他幫我戴上面網，才放低聲音說：「好吧，小聰明，雄蜂確實有一樣工作，那就是讓蜂后懷孕。」

我把噴煙器放在蜂箱上，免得草地燒起來，我隱約感覺有精采的故事可聽了。我仔細聽著外公解釋雄蜂為了贏得蜂后的青睞而展開的割喉戰。他說，一切都要從雄蜂聞到從附近飛過去的處女蜂后的味道開始。

「就像狗狗發情的時候，其他狗也知道？」

「差不多。」

他繼續比手畫腳跟我解釋，雄蜂會飛到空中聚集在一起，準備迎接處女蜂后從牠們之間快速飛過去。蜂后離開蜂巢去進行「婚飛」時，只會跟最快、最壯、還能追得上牠的雄蜂交配。牠會跟十幾隻雄蜂交配，然後把精子儲存在體內帶回蜂巢，剩餘的生命都用來產卵和讓卵受精。

蜂巢若是健全，蜂后在裡頭最多可活五年，每個月都有幾百隻雄蜂出生和死亡，這數字對雄蜂不是很有利。真正能完成牠們來到這世上的唯一任務的雄蜂很少，大多數雄蜂都只是備胎，以防處女蜂后哪天突然從牠們面前飛過去。外公說，但就算有機會跟蜂后交配，雄蜂也活不久。

周圍很安靜，我聽得到遠方海浪拍打岩岸的聲音。

「為什麼？」

「牠的生殖器會斷掉，身體掉到地上，死翹翹。」

「好噁！」

外公一臉吃驚，看得出來我的小題大做讓他有點失望。畢竟在大蘇爾待了那麼久應該讓我變得更堅強，至少也要能接受大自然的法則。我的反應卻像個很少出門的嬌嬌女。

「好噁？有什麼好噁的？這就是生命的一部分。如果周圍很安靜，妳甚至聽得到那個斷裂聲。細小的啪嚓聲。」

我打了個冷顫，覺得故事應該差不多說完了。我抓起噴煙器，開始往蜂箱入口噴煙，安撫蜜蜂，而且對守衛蜂噴了比平常更多的煙，總覺得要替雄蜂討回一點公道。蜜蜂急忙退回蜂巢，避開燒牛糞的味道，那味道會蓋過牠們示警費洛蒙的香蕉味。外公看出我已經失去興趣，於是走去打開其中一個蜂箱，查看裡頭的蜂蜜存量。

我們故意把車子停在距離養蜂場幾百碼的地方，把空蜂箱放在後擋板上。要從蜜蜂那裡偷走蜂蜜有點困難，所以我們想了一個方法來騙過牠們。首先，外公會把一片兩邊滿滿都是蜂蜜的巢框拿出來甩一甩，讓上面的蜜蜂掉進原來的蜂巢。氣呼呼的蜜蜂很多會飛回來找被偷走的巢框，在外公的頭上瘋狂繞圈圈。外公就拿出烏鴉的羽毛把蜜蜂趕走，不讓牠們回到巢框上，雙方相互較勁，比賽看誰動作比較快。

把巢框上的蜜蜂趕得差不多了，外公就會把巢框遞給我，我接過手就衝向卡車，後面跟著一群被惹毛的守衛蜂。跑到後擋板之後，我馬上檢查巢框上有沒有躲著蜜蜂，然後照外公教的輕輕吹一下巢框，把牠們趕走。巢框一清空，我立刻把它放進空蜂箱，用隔板蓋住。蜜蜂會聞到蜂蜜的味道，要是沒藏好又會把牠們引回來，到時賴著不走，一路跟著我們回卡梅谷，那就慘了。雖然撐得過旅途，但我們家太遠，牠們找不到回家的路，最後只能孤單地死去。

頭兩個蜂箱沒有多餘的蜂蜜。外公打開第三個蜂箱，彎身檢查有育嬰房的蜂巢，鬍子幾乎貼著最上層的木板，像要潛進裡頭一樣。我靠上前，鼻子馬上聞到他正在聞的味道——肉類腐爛的惡臭。外公站起來搖搖頭。

「不妙。」

這個蜂巢跟其他蜂巢不一樣。我伸手去摸邊邊，感覺木頭涼涼的，沒有平常蜂群的體熱散發的溫度。我低頭看蜂巢入口，發現來往的蜜蜂也很少。

外公拿出一個顏色很不對勁的巢框。上面的蜂蠟顏色太深，類似咖啡色，照例應該爬滿照顧蜂卵的育幼蜂，卻只有幾隻有氣無力的育幼蜂在已經腐爛的育嬰房上走來走去，急急尋找健康的幼蟲來餵食。封住孵化室的蜂蠟應該像紙袋一樣平滑，卻是凹下去，而且一個洞一個洞的。

外公從地上摘了一根狐尾草，用硬硬的尾端去戳其中一個皺皺的巢室。他把草拉出來時，一根黏黏的咖啡色細線也跟著跑出來。他觀察上面的黏液很久，好像不敢相信自己的眼睛。之後，他又檢查了幾個巢室，原本該是白色幼蟲住的巢室，全都只剩下類似鼻涕的黏液。幼蟲不知道為什麼還沒羽化成蜂就液化了。

「爛子病。」他說。我聽出他語氣中的挫敗，知道那不是件好事，而且很嚴重。

「爛什麼？」

「一種病。傳染力很強，唯一擺脫的方式是用火燒。」

外公把蜂巢重新疊回去，接著從後口袋拿出一枝鉛筆在蓋子上畫一個大大的叉。我倒抽一口氣，知道那表示他不得不連裡頭的蜜蜂把蜂箱燒了。他揉著額頭，像是偏頭痛發作，然後撥一下頭髮，看著遠方。他正在把事情理清楚，所以我等了片刻才說出心裡的疑問。

「為什麼會那樣？」

「育幼蜂餵給幼蟲吃的食物裡有可怕的細菌，害牠們的內臟受損。」

外公無法確定細菌是從哪裡來的，他說哪裡都有可能。蜜蜂可能因為碰到其他蜜蜂、搶奪問題蜂巢裡的蜂蜜，甚至停在生病蜜蜂到過的花朵上而感染細菌。育幼蜂若把內含這種細菌的花蜜或花粉做成的蜂糧餵給幼蟲吃，幼蟲就會得到爛子病。

「我只知道這種病很棘手，最長可以拖上五十年。」

我看著外公打開一個又一個蜂箱，拿乾枯的雜草去戳育嬰巢室。他按部就班地檢查，不像人，反而像機器。檢查完畢，總共有十二個蜂巢被畫上叉。他得生火把這些全部燒掉，以免傳染病摧毀整座養蜂場。我看著他從車子後面拿出一把鏟子，走到離蜂箱一段距離的地方開始替他的蜜蜂挖墳墓。

我沒想到蜜蜂會生病。在我的想像中，蜜蜂所向無敵，有無窮的精力。大多數蜜蜂只活六週，從出生工作到死，每分每秒都不浪費。每天，牠們都在蜂巢方圓五哩內拈花惹草，直到飛不動才停下來。老蜜蜂你一眼就能認出。牠們身體較細，毛少，看起來光亮光亮。現在我才知道蜜蜂有多脆弱。我覺得自己有責任保護好牠們。好的養蜂人應該要留住蜜蜂，不讓牠們死掉。

外公挖了一呎深的洞。我走過去時，他正站在洞裡面。

「你今天就要燒嗎？」

「要等明天帶汽油過來。」他的腳踩在鏟子上面，把它插進土裡，接著抓住握把往自己的方向拉，鬆開泥土，再彎身把土鏟到旁邊。

我從沒聽過外公說話那麼無力，一時不知如何是好。我坐在坑洞邊，等他挖累了為止。他在我旁邊坐下來，把頭埋進雙手。我靠著他，感覺到他身體散發的熱氣。我們就這樣坐了好一會兒，默默陪伴著對方。

「就這樣了。」他終於說。

「你會賠很多錢嗎？」

外公望著遠方的地平線，我不確定他有沒有聽見我說的話。

「錢？妳以為我是為了錢？」

他的語氣讓我覺得自己闖了禍，但我想不通為什麼。他努力要把我教好，但我的想法又讓他失望了。

「重要的不是蜂蜜。」他說。

我開口想回嘴，卻想不出要怎麼說。要是不在乎蜂蜜，又何必要有蜂蜜巴士？大家都知道，蜂蜜是蜜蜂最重要的產物，所以牠們才叫**蜜**蜂啊。

「妳以為蜜蜂就只會製造蜂蜜嗎？」

我聽得出這個問題不像表面聽起來那麼簡單，所以不敢貿然回答。

「難道不是嗎？」

「不是。蜜蜂也會幫助食物生產。」他說：「我們家樹上的水果和堅果，還有院子裡的蔬菜都是。」

外公一定是太難過了，才多愁善感起來。我看過他種的朝鮮薊長得比我還高，果實像長了紫毛的龐克頭，不用人照顧就又高又壯。前庭的杏樹開出的白花，最後會結出毛毛綠綠的豆莢，我看見那些豆莢的木質外殼脫落，露出裡頭的堅果。樹木自己就會開花結果。

「是植物製造了食物。」我試著澄清。

「少了蜜蜂就不行。」外公糾正我，「花要跟其他花交換花粉，才能結出果實。但花沒有腳，所以需要蜜蜂幫它們傳播花粉。蜜蜂去採花蜜的時候，會把黏在身上的花粉帶到其他花朵上，這就叫授粉。」

外公接著說，要是沒有蜜蜂傳播花粉，雜貨店蔬果區有很多東西都會消失。我愛吃的小黃瓜和黑莓就沒了，萬聖節沒有南瓜，夏天也沒有西瓜，外婆加在調酒裡的櫻桃⋯⋯都沒了。沒有了蜜蜂，這世界會很平淡、無趣，再也看不到花。

現在我懂外公為什麼這麼沮喪了。損失蜂巢不單單是他個人的損失，也是大自然的損失。外公說，不只農作物受影響，其他動物也會有麻煩。因為有蜜蜂幫紫花苜蓿和其他青草授粉，牛馬才有草可吃。大自然的設計很巧妙，只要一條線鬆了，整塊布都會散掉。這些人類看了多半會害怕得趕快逃走的昆蟲，其實是地球的隱形膠水，把大地萬物黏在一起。

外公在我心裡揭開了一道隱形的階梯，讓我知道肉眼看得見的東西之外，還有那麼多事物要學。以前看著蜂巢時，我只看見蜜蜂忙著做工，從沒想過牠們的工作跟我有什麼關係。我驚訝地發現，無論多麼渺小，每種生物都在大自然的隱形結構中幫助其他生物存活下來。如果像蜜蜂這樣看似微不足道的生物，都在默默照顧我們，那麼螞蟻、毛毛蟲或小魚呢？大自然還有什麼我不知道的生物在我們四周貢獻自己的力量，只是我們沒看見？這讓我相信，宇宙早就幫我安排好了一切，即使我看不到也感覺不到，我必須相信它就在那裡。或許我的生命不像我想的那麼無常或不幸。我想了想這個可能，這麼久以來，第一次覺得一絲長存的煩惱從心中溜走。

一直以來，我都以為是我跟外公在照顧蜜蜂，其實從頭到尾都是蜜蜂在照顧我們。

「你的蜜蜂生病了，我很難過。」我說。

外公站起來，把手指放進嘴巴一吹，一聲響亮的口哨聲就往帕羅科羅拉多峽谷傳過去。他又坐下來，不久，麗塔不知從哪裡衝出來跳到他腿上，舔他的下巴。

「有時候，你會失去一些東西，」他說：「但不能讓它影響你太久。」

他說，蜜蜂的好處就是繁殖速度很快。只要小心照顧剩下的蜂巢，一、兩年內，養蜂場就可以恢復原來的規模。蜜蜂會受到很多次打擊，但牠們通常都會重新站起來。

我爬上車，把麗塔放在腿上，等外公把繼箱搬上車斗。花期過了，再加上爛子病的重挫，我們的收成很少，只帶回家幾個蜂箱。我聽到後擋板砰的一聲關上。外公在我旁邊坐下來時，我才驚覺他看起來好累，臉色憔悴，抬頭紋在額頭形成深溝。他回頭看了一眼養蜂場和等著他的傷心工作，就把車開走。

此刻，太陽爬到海面上方，閃閃發亮，宛如在海面上擺動的鑽石。這次沒有故事可聽。外公沉著臉，想著自己的事。麗塔好像也感覺到他需要安慰打氣，跑去蜷在他腿上。牠輕輕推了他的肚子幾次，然後把頭靠在上面打了個哈欠。

「我會幫你的。」我說。

「什麼？」

「我會幫你把蜜蜂養回來。」我說。

外公破顏微笑，臉突然又回復我熟悉的模樣。他伸手過來拍拍我的膝蓋。

「謝謝妳。」他說。

我打開收音機，轉到強尼．凱許的音樂時，空氣彷彿甦醒過來。我聽過外公在電唱機上播放這首歌。

外公開始跟著唱，靠過來問我：「水多高了，媽媽？」我知道答案是：「兩呎高，而且愈來愈高。」

外公把問題唱了一遍又一遍，這次更大聲，我幾乎是用喊的回答他：「三呎高！四呎高！」我們跟著強尼大聲唱：「他的蜂巢不見了，蜜蜂都沒了，小雞飛到柳樹上。」

這是我第一次聽出這首歌有多悲傷，但奇怪的是，我們都覺得好些了。受大自然擺布的，不是只有我們而已。

11 「等你們長大一點，就可以自己生活了。」一九八〇年

今天之前，我從來沒有害怕過她，不確定該怎麼面對這種前所未有的新狀況。

我跟馬修還穿著睡衣，四肢打開趴在地上對著電視大喊價錢。我們的週末例行活動就是收看《價錢猜猜猜》或《成交！》，見證像我們這樣的普通人贏得讓他們開心一輩子的大獎。我們把遊戲步驟背得滾瓜爛熟，等到有一天我們大到可以開車，就可以一路飆去好萊塢上節目，拿下超級最大獎——大到可以買下一棟房間多到數不清的豪宅，而且每間房間都有一張水床。

經過多年的研究，每樣東西的售價我幾乎都背得出來，誤差值只在幾分上下，從跑車到清潔劑都難不倒我。電視螢幕上，有個老師正在猜夏威夷之旅加一台吉普車的價錢，儘管我一直在旁邊激動提示，她還是猜得很離譜。我把全副精神都放在電視上，根本沒聽到

媽媽走進客廳。

「有誰想去打保齡球？」

我們勉為其難把視線從電視上轉開。媽媽不耐煩地把白色人造皮皮包從一邊肩膀換到另一邊。看到她白天下床，我們很不習慣。

「怎樣？幹嘛用那種表情看我？」

我們在外公外婆家已經住了五年半。媽媽對我們來說，已經變得比較像大姊姊，有時不得不容忍我們，但大多數時候對人都很不耐煩，能避就避。爸爸說到做到，每年夏天都讓我跟弟弟飛去找他，但平日照顧我們的工作全落到外婆頭上，媽媽完全不用碰大人的繁瑣雜務。她還是沒工作，沒朋友，沒有下床的動力。我跟弟弟很不習慣她對我們發號施令，所以一開始還沒反應過來她是在邀我們出門。

「保齡球？」我問，還是一臉茫然。

她不耐煩地嘆了口氣。因為皮膚太蒼白，太陽穴和手腕上的青筋都清楚可見。她穿著黃色的鬆緊帶長褲，才圈得住從我們搬進來就大了好幾號的腰圍。

「我剛說過了。我沒有那麼多時間，你們去還是不去？」

我總覺得應該先問過外婆，或者外婆應該陪我們去，以免出狀況。我不太確定該怎麼做，但因為太好奇就答應了。

最近的保齡球場在薩利納斯，開車要一小時。媽媽在途中跟我們解釋，她最近加入某個叫「單親家長」的團體，我們就是要去參加專為像她這樣身分的人舉辦的保齡球聚。

「沒有老公的媽媽？」馬修問。

媽媽把車窗搖下一個縫，讓風把菸灰吹走。「也有沒太太的爸爸。」她更正。

我對馬修擠擠眼，靠著他小聲地說「約會」。我假裝跟手掌親熱，拚命親自己的手，馬修看了咯咯咯笑出來。

「後面是什麼那麼好笑？」

媽從後照鏡瞪我們一眼，只看到兩個無辜可愛的小孩坐在後座。我捏住鼻子免得笑出來。「我需要你們兩個配合，表現出最好的一面，不要做讓我丟臉的事。」

我們答應會乖乖的，雖然我不懂打保齡球怎樣會讓她丟臉。我望著窗外，看見一排排菠菜和草莓飛掠而過，模糊成一片，好像有人在洗一副綠色紙牌。薩利納斯的地形平坦，田地像軍隊隊伍一樣整齊，感覺好像上帝創造這個城市之前先畫了設計圖。

下車之後，空氣中的糞肥味蓋過媽媽身上的查理香水味。她推著我跟馬修往入口走，圓形耳環晃來晃去。接近入口時，她放慢腳步，停在玻璃門前，像是臨時改變了主意。媽在反光玻璃前抿抿口紅，把幾撮頭髮塞到耳後，調整一下褲子的鬆緊帶。最近她開始減肥，聽一個名人醫師的建議，把葡萄柚和鄉村乳酪當作主食。

「我看起來會不會很胖？」她問，對著窗戶轉向側邊。

她的小腹突出，但手腳還是一樣細，看起來有點像懷孕。但我跟馬修都沒這麼說。我們跟她保證她很瘦。

「真的嗎？」她往後看，想從反光玻璃看自己的背影。

我們使勁地點頭。

她咬著嘴唇，回頭看我們的車，好像要在一號窗簾和二號窗簾之間選一個；一個後面是鑽石，一個是驢子。她縮小腹，憋氣再吐氣，不由得皺起眉頭。

「你們不會只是在安慰我吧？你們真的覺得我看起來ＯＫ？」

其他小孩跑進保齡球館，把門整個打開，一陣薯條和義式香腸披薩的誘人香味飄出來。她抓起我們的手一捏。「你們兩個聽好，不要叫我買東西，你們也知道我沒錢。」她說。

我跟馬修說「好」。她推開門，我聽見空心保齡球砰砰撞在一起和緊接響起的歡呼聲。聞到棉花糖的味道，我忍不住流口水，彈珠台的閃爍燈光和輕快旋律把我吸引過去。店員拿保齡球鞋給我們之後，媽媽把我跟馬修帶到聚集了一群臭臉小孩的球道。他們坐在一張發霉的橘色塑膠弧形椅上，都是跟單親爸媽來的小孩，被迫湊在一起玩，而且顯然寧願待在別的地方。

「我會在那裡。」媽媽說，指著隔了四條球道、都是大人的另一邊。她快步走過去，皮包在臀部上彈來彈去。隔壁球道轟了一聲，全倒，一群男人歡呼叫好，舉起啤酒乾杯。剛剛進球的那個人假裝在彈吉他，模仿KISS樂團主唱大刺刺地吐出舌頭。

我跟馬修回頭看我們的新玩伴，發現六對眼睛像要把我們看穿。有個小孩把葵花籽吐到我旁邊的地上，想也知道是故意的。戴耳環的小孩用西班牙文說了些話，他的同伴就開始吃吃竊笑。

「嗨。」我說。

沒人回答。我感覺得到我們都是那種有時會想扁人的小孩。周圍又有更多球瓶轟轟倒下，我嚇了一跳，故意假裝背癢，伸手去抓，免得被人看出來。之後我故作輕鬆地走去送球道，伸手要拿一顆紅球，但有個女生先我一步把球搶走。

「那是我的，puta（婊子）。」她說，抬起下巴，學校男生想找人打架也是這種表情。

我不知道那個字是什麼意思，但聽得出不是什麼好話。我洩氣地往馬修旁邊一坐，伸手摸他的背才發現他的背好僵硬。

「要玩嗎？」我問。

「嗯……」他摀住耳朵，擋去轟轟的球瓶撞擊聲。他討厭這裡。我站起來再試一次，避開不拿那顆紅色的球。馬修如果看到我在玩，說不定也會想加入。但我走過去時，有個男生擋住我的路。

「妳以為自己在幹嘛？這是**我們**在玩的。」他指著吊在天花板上的電子螢幕。「妳要玩要自己付錢。」

我又一屁股坐回馬修旁邊，他已經開始默默掉淚。我輕聲哄他，但那些不懷好意的男生聞到淚水的鹹味就撲過來。他們用娘娘腔的聲音模仿小孩哇哇大哭，我擋在馬修前面，這樣他就不會看到他們，同時用眼睛發射隱形的死亡射線。他們不為所動，繼續假哭，用西班牙文說說笑笑，對於自己能把小孩嚇哭很得意。馬修抱著膝蓋縮成一團。那個畫面讓我體內的老虎破籠而出。我走向那群男生。

「你們等著瞧，」我說：「我去找我媽過來。」

我腳跟一轉，大步走向媽媽，不確定要跟她說什麼，那些小霸王突然變得安靜。媽媽坐在有一排閃亮按鈕的計分板前，幫她那一隊的某個人加油。她容光煥發，我從沒看過她那麼開心，一瞬間我忘了要來找她做什麼。那感覺好像看著一個我不認識的人，對方是那麼的開心，把笑聲傳遞給所有朋友。我大聲喊她，她一轉過頭，臉上的開心表情瞬間消散。

「怎麼了？一定沒好事。」

我跟她解釋二號球道有個小惡霸，馬修都被他弄哭了。

「馬修哭了是什麼意思？」

「那些小孩在欺負他，」我說：「而且不讓我們打球。」

她把香菸大力摁進操作台內嵌的菸灰缸。

「所以呢，妳想要我怎樣？」

「我們要投錢才能自己玩。」

她猛然抓住我的手腕，把我拉過去，咬牙切齒地說：「錢的事情我是怎麼說的？」

「我知道，可是……」我還沒說完，她就站起來，把皮包往手臂下一甩，幾乎是跺著腳走向小孩的球道。我看見那些男生看到她走過去都張大眼睛，但她直接走向馬修，對著他的後腦勺大吼。

「你哭什麼！」

我的臉頰好燙，彷彿有兩道「恐懼」和「丟臉」的火焰在舔我的臉。不應該是這樣的。媽應該要阻止別人欺負馬修，現在那些欺負他的人一臉勝利的表情，幸災樂禍地看著馬修挨罵。媽媽要是走了，馬修就慘了。心裡有數的馬修哭得更慘，把腿抱得更緊。

媽媽轉向我，指著我罵。

「我不會讓你們兩個毀了我的機會！我們大老遠開車來，你們得好好待在這裡，直到我想走為止。聽到了沒有？」

馬修再也忍不住了，開始放聲大哭。媽媽把他從椅子上拉起來，他用雙手遮住臉，想讓她和整個保齡球館全部消失。隔壁球道的男人放下啤酒，轉頭看我們。球瓶撞擊聲停了下來。說西班牙文的小孩屏住呼吸。保齡球館變得像圖書館一樣安靜。

我拔腿就跑。

「**妳**想跑去哪裡，給我回來！」媽媽大吼。玩彈珠台的人也暫停遊戲，轉頭看熱鬧。我的腿自動跑向廁所，避開這場虛假的家庭出遊引發的災難現場。我把自己鎖進一間廁所，蹲坐在馬桶座上，天真地希望媽媽看不到我的腳就找不到我。接著，我聽到她響亮的腳步聲。我緊緊閉上眼睛，屏住呼吸，縮起身體。

媽媽像一頭公牛跺進廁所，砰一聲推開每間廁所的門，想把我揪出來。看見好多雙腳急急忙忙跑出去，我不禁一顫：我的媽媽可怕到連陌生人都會紛紛走避。我想告訴那些女生，她不會傷害她們，不需要那樣落荒而逃。但是當媽媽砰砰砰推門、愈來愈接近時，我腦中浮現另一個可怕的想法：也許那些女生的直覺是對的。我是笨蛋，把自己逼入絕境，這下無路可逃了。

媽媽在我躲的廁所前面停住，我看見她的頭頂，額頭的青筋在跳動。她大力敲打金屬門，牆壁都跟著震動。

「梅若蒂，我知道妳在裡面！馬上給我出來！」

她從門上方把手伸進來，爪子般的手拚命要抓住門閂。幸好抓不到。

「馬上給我**開門**！」

她用雙手抓住門板大力搖，想把門扳開。我看著脆弱的門閂被她扯得快迸開，整個人嚇得半死，盡量不去想要是她抓到我會把我怎麼樣。她又拍門，我縮起身體。外公外婆都不在這裡，救不了我。我把兩腿抱得更緊，告訴自己這只是個噩夢。

「回答我！」媽又大吼。

我張開嘴，但喉嚨像是被棉花球卡住，跟得了扁桃腺炎一樣乾，最後只發出微弱的沙啞聲。我想大喊救命，卻又沒有臉求陌生人來救我。那畢竟是我媽，不可能真的傷害我吧？今天之前，我從來沒有害怕過她，不確定該怎麼面對這種前所未有的新狀況。她是嚇到我了沒錯，但這是我們家的事，不能讓這個有禮貌的社會知道。我因為不知所措而無法動彈，只能無助地啜泣。

突然間，門不搖了。周圍安靜幾秒後，媽媽像橄欖球員用整個身體去撞門，想用肩膀把門撞開。

「媽，不要再撞了。」我輕聲說：「拜託妳。」

「你們兩個是怎麼了？」她尖叫，「兩個都哭了是怎樣？就不能懂事一點嗎！」

她用腳踢門。

「這裡是由**我**發號施令，不是妳！」她呼吸急促，好像剛跑完步。接著，我聽到打火機喀一聲，她吸了一口菸，菸草畢剝燒起來。一陣煙從門的另一邊升起。我們就這樣默默對峙了不知多久。後來我聽到一個男人的聲音。

「小姐，不好意思，小姐。」

媽媽恢復平常說話的聲音。「這是女廁，你不能進來。」她指點著說。

「對，所以我才要請妳離開，不然我就得報警了。」

「你是哪位？」

「這裡的經理。裡面還有別人嗎？」

我看見菸蒂掉在地上，被她的保齡球鞋踩扁。她長嘆一聲，走了出去。我等了一會兒，確定安全才拉開門閂溜出去。馬修坐在一間辦公室外面的長椅上跟我揮手。他指指窗戶裡面，我看見媽媽在裡面激動地比畫，跟雙手抱胸的經理解釋。我坐在馬修旁邊，等到經理幫媽打開辦公室門，手一甩，指著出口。

「起來，我們要走了。」媽媽說，一手牽一個小孩，快步走出去，我們得小跑步跟上。

「現在高興了吧？」她說，用力打檔，踩油門，飛速開走。

我們知道這不是真止的問句，所以沒回答。

「今天我本來可能認識人的，結果都被你們毀了！休想要我再帶你們出門。」

我只希望今天快點結束。我很難過我是我，很難過媽沒有丈夫，得去參加蠢斃的保齡球聚會，也很難過我弟因為不肯打架、老是被人欺負。但是最讓我難過的是，現在一切都錯了。躲進房間的媽媽跟走出房間的媽媽是兩個不一樣的人，從老鼠變成了山獅。

我閉上眼睛，努力回想媽媽來加州之前的模樣。但是很難，因為當時我還很小，現在我都快上中學了。過了這麼久，我幾乎忘了羅德島的生活點滴，例如下雪、在落葉堆上奔跑、披頭四的歌詞。有關媽媽的回憶只有少數還記憶猶新。比方有年復活節我們烤的兔子造型蛋糕，上面撒了白色椰子粉，用甘草糖當鬍鬚。我記得曾經跟她一起在床上看電影《謎中謎》，急著想知道錢到底埋在哪裡。我也記得她推著我盪鞦韆，她的手搭在我背上的感覺。一定還有更多。

到家的時候，媽媽的氣還沒消。她躲回房間的床上，不用說也知道她不想看到我們。我跟馬修去外面摘黑莓，經過蜂蜜巴士的時候，我們很難不發現巴士的後門半開著。我們把門拉開，看見外公坐在裡面，兩腿夾著一個五加侖的油罐。

「去找兩顆小石頭來。」他說，好像期待我們加入。

我們拿了石頭回來。他在石頭上綁了一條一呎長的線，再把石頭浸到油罐裡，線有一半也泡進了熱蜂蠟。他很快把石頭提起來，等蜂蠟變硬，再浸一次。每浸一次，蠟燭就變更大。他把燭芯拿給我們，我跟馬修模仿他的動作浸一下再提起來。三個人靜靜地坐在一起工作，直到陽光斜斜射進巴士。我們動作不疾不徐，每隔一會兒就停下來，等外公把蜂蠟拿去巴士外面的瓦斯爐重新加熱。馬修的蠟燭愈來愈歪，外公把它拿過去，搓一搓燭芯把它弄直再還給馬修。我突然想到，我從沒問過外公蜜蜂是怎麼製造蜂蠟的。

「牠們的腹部底下會分泌小雪片。」他說。

「嗄？」馬修說。

外公解釋，蜜蜂的身體天生就會製造蜂蠟片。

「之後，牠們再把蠟片拉到嘴巴裡咀嚼，塑成蜂巢的形狀。」他說。

外公接著解釋，有些蜜蜂負責分泌蜂蠟，有些負責建造蜂蠟。蜜蜂準備好在空空的巢框裡建造蜂巢時，會像一串葡萄倒掛在最上面的木框上，一起製造熱氣。等到溫度夠高，就會有八個雪白色的蠟片從蜜蜂腹部下的口袋分泌出來。其中一隻蜜蜂會從其他蜜蜂身上爬到木框頂端，把蜂蠟片咬一咬、摺一摺、嚼一嚼，跟牠的口水混在一起，直到硬度剛剛好為止。將這團蜂蠟黏在木框頂端之後，牠就會離開。一隻又一隻蜜蜂重複同樣的動作，直到形成一小片厚度足以塑成蜂巢的不規則蜂蠟。

接著，就換負責建造蜂蠟的蜜蜂上場。牠們會在蜂蠟上又挖又拉，輪流鑿出六角形的巢室。第一個完成的巢室就是整個蜂巢的幾何樣本。

「好酷哦。」馬修說。他拿起手中的蠟燭，看著熱熱的蜂蠟流下去，滴回油罐裡。緩慢且不斷重複的動作安撫了我的神經，但我還是無法把保齡球館的事趕出腦海。

「外公……」

「嗯？」

「我們被保齡球館趕出來。」

「媽媽惹上麻煩。」馬修說。

我們把全部的過程告訴外公，他拿著蠟燭，手停在半空中，忘了浸入油罐，涼掉的蜂蠟從白色變成芥末黃。我看見外公的下巴繃緊，他把蠟燭放在空的蜂箱上，傾身靠向我們。

「你們的媽媽要改變很難，所以最好別惹她生氣，避免跟她起衝突，對她要有耐心。等你們長大一點，就可以自己生活了。」

我跟他說，我跟她睡同一張床，很難避開她。

「乖乖聽她的話，不要頂嘴。聽到了嗎？」他等著我們回答，確定我們都聽進去了。我們答應他會照他的話做。

但是我沒告訴他我會怕她。現在媽媽好像真的有可能打我們。

蠟燭完成之後，外公把仍滴著油的線剪短，遞給我們一人兩根蠟燭，叫我們拿去給外婆布置晚餐的餐桌。細緻的黃色蠟燭還熱熱的，聞起來就像新鮮餅乾飄散的蜂蜜奶油香。外婆深吸一口聞香，開心地眨著眼睛。她要我去餐具櫃把她的燭台拿來，還教我怎麼用一種紫色的膏把這些傳家寶擦到亮晶晶。

那天晚上，她在媽媽的晚餐托盤上點了一根蠟燭，在餐桌上點了三根。媽媽在房間裡獨自用餐時，我們四個人在燭光下吃飯。燭火在屋裡打下節慶似的溫暖光線，外婆在桌上聊政治，對外公解釋為什麼他和每個腦袋正常的美國人都應該投給吉米·卡特。

我偷偷對坐我對面的馬修使眼色，他心照不宣地咯咯笑。接著，他在桌子底下伸出右腳找到我的左腳。我們把鞋底貼在一起，像蹺蹺板來回推著彼此的腳，這是我們版本的偷偷「握握手」。

我們在自己做的漂亮蠟燭下咧嘴偷笑。那一瞬間，今天發生的事被我忘得一乾二淨。

12 付出和收穫應該取得平衡

一九八二年

蜜蜂需要各種不同的花粉維持健康，但這些到處移動的蜜蜂，被迫天天都吃同樣的東西。

上了中學之後，避開媽媽就變得容易多了。現在我必須早一個小時起床，走去以前的小學，搭半小時的黃色校車去卡梅市區上學。巴士上的座位是根據代代相傳的長幼秩序分配的。八年級坐最後面，一人坐兩個位置，霸占所有的雙人座。七年級散落在中間，永遠在想辦法升級晉位；六年級被迫坐在暴躁的司機旁邊。司機會從照後鏡瞪著我們，看誰調皮搗蛋。

但公車一停在卡梅中學校園，幾百個從蒙特利半島各地來的學生一擁而上，這個長幼秩序也就打亂了。我突然間要在五個教室之間穿梭，跟來自卡梅市、圓石灘和大蘇爾的學生混在一起上課，從此得以舒服地隱身在人群之中。沒人需要知道我是個聽到披頭四的歌必哭的女孩，或來自一個交不出像樣萬聖節扮裝的奇怪家庭。我混入人群的馬賽克中，即使只當牆上的一塊小拼磚也心滿意足。

外婆幫我選了打字和德語當選修課，還有我喜歡的家政，這樣我就可以學烹飪和使用縫紉機。班上都是女生，但我不覺得這是賢妻良母訓練班，反而覺得那是在為外公口中總有一天會到來的長大做準備。到時候，我就可以自己下廚，不怕把食物燒焦，也不用再穿別人不要的衣服。

學校還開了課後電腦班，外婆買了一張隔熱墊大小的磁碟片，讓我學習在一台叫ＩＢＭ的電腦上寫程式。當學校畢業紀念冊的負責人徵求週末志工幫他剪貼學生大頭照時，我馬上舉起手。新學校的所有活動我都想參加。我們家以外的世界有這麼多事在發生，讓我又驚又喜，每種我都想嘗試看看。

中學就像一個新機會，讓我一開始就走錯的人生可以重來一遍。頭幾個禮拜，我都在觀察同學，看有沒有人可能跟我做朋友。英文課上有個女生緊緊抓住我的目光。蘇菲亞是那種會讓教室整個安靜下來的美女，動作柔軟優雅，有點像穿凱文克萊牛仔褲的布魯克・雪德絲，氣質有如那些看過的世面比老師還多的歐洲交換學生。

她的德文學得比班上其他同學都快。英文課她坐在我旁邊，會把一頭深色長髮往旁邊嗖地一甩。她常冷笑，我好想知道她在想什麼、聽什麼音樂、放學都去哪裡。她說她在家吃晚餐可以喝紅酒，她媽媽有時會坐副駕駛座，讓她開他們家的手排車來上學。我相信她的話。蘇菲亞實在太迷人，已經有高中男生在圓石灘私校的廣播電台上點情歌給她。考試的時候，每次她靠過來小聲說她不會寫，我就會把考卷翻給她看，讓她抄我的答案。就算被抓我也不在乎。

有一天我鼓起勇氣問她，她都用什麼牌子的洗髮精，頭髮怎麼那麼香。

「我媽的美髮沙龍賣的。」她說。

沙龍兩個字就像好萊塢的標誌在我腦中亮起。我到現在還是去村裡的理髮店剪頭髮，理髮師老是把我的頭髮剪成一樣的蘑菇頭，還會送我一根棒棒糖。我喃喃地說，要是能免費拿到高級洗髮精有多好，說完立刻後悔自己怎麼那麼厚臉皮。

「可以啊，」她說：「放學跟我一起去我媽的沙龍，她不會介意的。」

想像中的遊戲節目燈光在我四周閃閃發亮。

「妳確定？」我問，裝出一副難以決定的模樣。

之後的課都模模糊糊地上完。放學鐘聲響起後，我在體育館後面跟蘇菲亞會合。她帶我走捷徑穿過一片田野，十五分鐘後，我們來到「穀倉」——設計成幾間穀倉圍著大風車排成一圈的精品購物中心。那是觀光客來買喀什米爾毛衣或中央海岸油畫的購物商場，但裡頭有間旗艦店主打的是當地人。那是一家大型書店，後面附設一間有機咖啡館。蘇菲亞帶我穿過商場的花園紅磚步道，爬上階梯，走上陽台。我聽到吹風機的轟轟聲，就知道快到了。蘇菲亞推開門，一首亞當．安特的歌曲流洩而出，小喇叭聲和鼓聲充斥在空氣中。

「妳來了，親愛的？」屏風後面傳來一個聲音。「我馬上出來。」

蘇菲亞鑽進等候區的一張鋼骨皮椅，一腳掛在扶手上翻著《Vogue》雜誌。她用雷射光似的專注眼神研究每套服裝，不經意地舔舔手指再翻頁。我懂了，難怪蘇菲亞在學校舉手投足都像在走伸展台，她的時尚品味都是在家自學的。我聽到水龍頭關掉，音樂的音量從演唱會等級轉成背景音樂。

蘇菲亞的媽媽走進房間，那一刻我彷彿不小心踏進了MTV場景。她根本是佩特．班納塔（Pat Benatar）的翻版，美得像小精靈，黑色刺蝟頭，高高的顴骨，隨時可以上台的妝。一身閃閃發亮的金色連身褲，肩膀有墊肩，一隻手臂戴了一串閃亮的手環，腳踩著細跟靴子。她用濃厚的眼影和我從不知道睫毛能夠承受的大量睫毛膏，凸顯自己的眼睛。眼皮上的金屬紫跟接近眉毛的霓虹藍混合，全身上下就只缺一把電吉他。她把蘇菲亞摟進懷裡，親親她的兩頰，好像兩個人已經好幾年、而不是幾個小時沒見了。

接著，蘇菲亞跟她介紹我，多明妮克靠過來在我臉上留下口紅印。我像終於被移到陽光下的虛弱植物，抬起頭迎向她。

「Enchantez。」她用法文說。

「意思是你好。」蘇菲亞說。

「盎－香－天。」我學她說話，被她迷到都忘了話怎麼說。

多明妮克和蘇菲亞像兩個閨密在咖啡館又說又笑，你一句我一句交換一天發生的事。多明妮克拿粗魯無禮的顧客開玩笑，蘇菲亞則是跟她說，我們的英文老師又開始唐吉軻德上身，明明沒有要演戲，卻要班上背劇本的台詞。我用驚奇又渴望的表情看著她們說話。

多明妮克問我喜不喜歡上學，我說除了躲避球，我全都喜歡。每次下雨，體育課就只能在體育館上，老師會把班上分成兩組，給我們一顆躲避球，叫我們用球去打對方。我都會躲在後面，只希望快點結束，不會被打得太慘。只有愛欺負人的同學喜歡打躲避球。

「真野蠻。」多明妮克說，伸手過來摸摸我的頭髮。「有點缺水。」她帶我走向放瓶瓶罐罐的櫃子。多明妮克拿下其中三罐轉開蓋子，讓我聞聞味道。我選了橘子味道的那罐。

「選得好。」多明妮克說。她把罐子放進有提把的禮品袋裡，看起來像生日禮物。

我跟蘇菲亞把回家功課攤在等候區的咖啡桌上。多明妮克放了一瓶聖沛黎洛氣泡水在我們面前，拿給蘇菲亞一些零錢，讓我們去買三明治回來，一邊寫功課一邊吃。從紅磚路走去書店咖啡館的路上，我幾乎要飄起來。蘇菲亞的媽媽是我幻想中的完美媽媽。

最後一位客人走了之後，多明妮克用她的黃色雷諾小車載我們回家。我坐後座，蘇菲亞坐副駕駛座，每次她媽媽踩離合器並說出一個號碼，她就會靠過去幫她換檔。她動作很熟練，車子加速時，她甚至不用看排檔桿上的數字，證明她說自己已經會開車是真的。往卡梅谷開的時候，我才知道他們家離我家才幾哩遠，而且蘇菲亞有個姊姊，她們三人住在一起，沒有爸爸。無論是什麼拆散了他們的家，都沒有讓她們從此愁雲慘霧。多明妮克從頭到尾都還是蘇菲亞的媽媽。

多明妮克問起我的家庭時，我簡短地說我跟外公外婆住在一起。她們沒再追問，讓我鬆了一口氣。我指引多明妮克開上我們家的車道。我下車時，她指了指蜂蜜巴士。

「那是什麼？」

「我外公的蜂蜜巴士。」

「蜂蜜巴士？」

「他在那裡面採收蜂蜜。」

「他是養蜂人？」

她們有數不清的問題想問。他的蜂巢在哪裡？蜜蜂怎麼製造蜂蜜？我們怎麼取出蜂蜜？我被螫過多少次？我臨時給她們上了一堂養蜂入門課，把蜂巢形容成共用一個大腦的超級有機體。

我跟她們解釋，蜂巢裡只有皇后，沒有國王，但皇后也不是統治者。所有蜜蜂都是一起工作、一起做決定。蜜蜂對蜂后忠心又慷慨，但也有殘酷的一面，會把虛弱、生病或是對蜂群已經沒用的雄蜂踢出去。蜜蜂有自己的語言，會開心地哼歌，著急地尖叫，傷心地陷入沉默，或在面臨威脅時憤怒大吼。就連蜂后遇到對手挑戰后位時，都會發出自己獨有的戰吼聲。

我享受著兩位聽眾的目光，嘗試像外公在跟我說話一樣向她們解釋，用活潑的語氣加些調味，愈說愈有自信。我讓她們猜猜蜜蜂有幾隻眼睛（五隻），接著補充，蜜蜂毛茸茸的眼球可以看見紫外線光，找到人類看不見的迷幻花色和花樣。多明妮克問我打開蜂巢會不會危險。我一臉嚴肅地說，養蜂人不能害怕，因為蜜蜂聞得到你的恐懼。

多明妮克和蘇菲亞交換了個眼神。

「外公說是真的。」我說。

我又說，蜜蜂不喜歡口臭和深色，所以養蜂人都要刷牙、穿白色衣服，蜜蜂才不會把他們誤認成熊。她們聽得好入迷，所以我連噁心的事都告訴了她們。比方蜜蜂在空中交配，雄蜂交配完就會死掉，因為**那個**會斷掉，留在蜂后體內。我告訴她們，蜂蜜其實是蜜蜂吐出來的花蜜，再用翅膀搧到它變濃。我努力表現，想讓她們刮目相看。

我說完之後，車上安靜片刻。我猜她們心裡在想，我的想像力會不會也太豐富了。

「那實在太……**酷**了。」蘇菲亞說。

感覺好像顛倒了，怎麼會是她在稱讚我，但就算錯得離譜我也好高興。現在我很確定我們一定會變成好朋友。我們身上都有對方欣賞的東西。

「別忘了這個。」多明妮克說，把我忘在後座的洗髮精拿給我。「常來找我們玩喔。」

「明天好嗎？」蘇菲亞問。

當然好！

那次之後，我們就常膩在一塊，一週有很多天會一起走去沙龍。我常在蘇菲亞家吃晚餐，感覺就像借住她們家的交換學生，多明妮克甚至為我準備了一支牙刷，蘇菲亞也把她的舊名牌牛仔褲和鱷魚牌毛衣送給我穿。

外婆允許我去蘇菲亞家玩，我透過時髦的新朋友過著另一種生活。蘇菲亞的媽媽帶我們去吃法式餐廳，介紹我吃蝸牛、喝紅酒，還帶我去看我生平第一部限制級電影《開放的美國學府》。雖然我們同年，蘇菲亞對我來說卻更像大人。她的房間都是立體派風格的北歐家具，我們常常把家具疊來疊去，變成不同形狀。我們把她的音響轉得很大聲，重新布置房間，一玩就好幾小時，不時會有男生打她的專屬電話給她。我坐在旁邊，假裝沒聽到她在跟人打情罵俏，但卻用心記住她說的話，這樣哪天有人愛上我，我就知道該怎麼回應。蘇菲亞喜歡熬夜看電影，我要是不小心在她家睡著，隔天她媽媽就會開車載我們去上學。

我沒辦法嫉妒蘇菲亞，因為她待我就像妹妹一樣。但是跟她的家人相處愈久，我就愈難回到自己的家。去過一個充滿歡笑、音樂和晚餐派對的家之後，媽媽的缺席顯得更難以忽略。在蘇菲亞家，單親媽媽不像在我們家是一大挫敗。多明妮克有種比我母親堅強的人格特質，那讓我對媽媽愈來愈失去耐心，因為她似乎根本沒認真試過。悲傷的有限效期到底是多久？

從蘇菲亞和她媽媽那裡借到愈多快樂，我就愈覺得自己自私，因為我從來無法回報她們。有幾次，蘇菲亞問我能不能來我家玩，每次我都說我媽病了，找藉口推託。媽媽的軟弱讓我覺得丟臉，我也不知道該怎麼解釋她為什麼躲在房間裡不出來。跟蘇菲亞比起來，我的生活平淡又無趣，我很怕讓她看見我們家不管是床、浴室，甚至連悲傷都要共用。我不認為蘇菲亞會理解，也沒有把握自己能用她能理解的方式解釋這一切。

我跟媽媽睡同一張床的時間愈來愈少，我想這樣對我們都好。她沒問我去哪，我也沒提起蘇菲亞的事，心想外婆應該會跟她說。我愈來愈覺得自己過著雙重生活。

某個禮拜六一大早，我一起床就聞到榛果咖啡的味道，看見媽媽坐在餐桌前，握著熱氣騰騰的馬克杯暖手，《蒙特利先鋒報》攤開放在面前。她從不看新聞，所以我從她背後瞄一眼她在讀什麼。只見她把車庫拍賣會圈起來，選出其中的高檔住宅區。她吹掉一截菸灰，抬起頭看我。

「如果我們現在出發，就可以在好東西賣光之前趕到。」她說。

「我們？」

「妳有更好玩的事要做？」

我不確定該不該跟她去。上一次跟她出門，我們差點在保齡球館被逮捕。她從皮包裡掏出車鑰匙。

「來嘛，我讓妳挑一樣東西。」

成交。我抗拒不了免費禮物。

媽媽用高速檔開上蜿蜒曲折的雙向山路，車子轟隆抗議。她在信箱前慢下來，查看住家號碼，終於找到了報上登的那戶人家。車子轉進用柱子裝飾的大門，開向一間大如飯店、可以俯瞰整座山谷的豪宅。我透過橫木柵欄看見網球場和藍綠色的游泳池。我們把車停在從石頭魚嘴汩汩湧出水的噴泉旁邊，然後走向車庫。有個女人正在把書從箱子裡搬出來，排列在摺疊桌上。我們早到了一個小時。

「哦，妳們……是第一個。」她拉起袖子看看錶。

「太好了！」媽說：「這樣我們就可以看到好東西。」

女人擠出微笑，帶媽媽走到一張擺著水晶花瓶和中國瓷盤的桌子。

「這是我姑媽的結婚禮物。」女人說。

媽媽慢慢瀏覽，把每樣東西都翻過來看標價，再輕輕放回去。

「騙錢啊！」媽媽貼在我耳邊說，但聲音太大聲，讓我覺得很尷尬，只希望那個女人沒聽見。媽媽在車庫裡繞了一圈，把每樣東西都摸過，像在尋找什麼線索。她拿起毛衣比比看，檢查袖子長度，翻翻書，甚至連她沒興趣的東西也拿起來檢查，比方電鑽和滑雪板。

我看著屋主留意著她的一舉一動，好想找個地洞鑽進去。我們都看不出她到底想幹什麼。後來我想通了。媽根本沒有要買東西，她跑來這裡只是想窺探別人的生活——有錢人的生活。

我拉拉她的袖子。「我們可以走了嗎？」

「什麼時候走，由我**說了算**。」她壓低聲音說，然後轉頭面對屋主，裝出一臉和善。

「抱歉，能不能跟妳借用一下廁所？實在很不好意思。」她放低聲音，像在說悄悄話似地說：「因為健康問題……」

屋主一臉錯愕，遲疑了片刻，然後說她不能離開太久，請媽媽動作快一點。她帶我們走進門，穿過走廊，頭上的天窗灑下光線，在赤土地板打下耀眼的黃色方形光影。媽媽慢慢跟上，這樣才能欣賞周圍的擺設。她的手掠過閃亮的桌面，眼睛打量著不用開門就能取用冰塊和水的冰箱，快速瞄一眼房間內部。我跟在後面，覺得好丟臉，媽媽竟然為了進來這棟房子撒那種謊。女人帶她到廁所，媽進去後把門喀一聲關上。我聽到她在裡頭翻箱倒櫃，尋找著自己的生命如果照她希望的方向走會是什麼樣子的線索。我跟屋主站在一起，尷尬地清清喉嚨，聽著媽媽在裡頭東翻西找的聲音。

「都還好嗎？」女人敲著門問。我聽到腳步聲，之後是沖水聲，媽媽讓水龍頭流了一下，才迅速開門。

「哦，嗨！」媽媽開心地說：「我好喜歡裡頭的按摩浴缸！」

女人皮笑肉不笑，雙方陷入尷尬的沉默。「呃，我們該出去了。」

我們一前一後跟在臉色難看的屋主後面，但媽媽還不打算放棄。她在女人的背後嘰嘰喳喳說個不停。

「你們是找誰來做的？這年頭要找到好的師傅很難。我先生想改裝浴室，在裡頭裝按摩浴缸，一開始我很反對，因為我們外面已經有熱水澡盆了。就是那種紅木澡盆，妳知道嗎？但是看到你們家的之後，我改變想法了。妳自己常用嗎？」

女人沒回答。一走到外面，她立刻大步走向我想應該是她先生的男人，因為對方馬上用凶狠的眼神盯著我們。我覺得羞愧，媽媽越過界線、被逮個正著卻還全然不覺。她偷了別人的東西，即使那不是真正可以拿在手上的東西。她為了滿足自己的好奇，偷走了別人的隱私。我無地自容，得在她闖下更大的禍之前，把她拉回車上。

「媽，我們該走了。」

她本來想開口拒絕，後來發現那個男人的目光，就挽起我的手，靠過來像要跟我咬耳朵，但故意大聲地說：「反正也沒什麼可買的，不過就是些貴到不像話的破銅爛鐵。」

我拉著她加快腳步往車子走。

「妳是怎麼了？」她問。

「只是覺得冷。」

媽媽還想去別家的拍賣會，但我說服她先載我回家，說外公正等著我一起去檢查蜂巢。其實沒這回事，但一回到家，要把它變成真的也很簡單。看到外公在院子裡修修補補，我只要說我想去看蜜蜂，他就會放下手邊的工具，拿起防蜂面網。我只是想快點把媽媽拖回家，回到安全的房子裡，這樣她就不會再害我丟臉或跟人起衝突。

來到加州之後，我一直抱著媽媽會重回社會的希望。但從她出門的少數幾次經驗看來，她一點都沒有好轉。我們每到一個地方，她總是有辦法被人攆出去，她的自以為是沒有一次不讓我無地自容。她的脾氣陰晴不定，隨時會爆發，一點點小事都會激怒她，比如忘了打方向燈的司機，或是不肯收過期折價券的雜貨店店員。

我的生活範圍延伸到康騰塔路以外之後，我開始懷疑媽媽的喜怒無常不只是因為離婚或運氣不好，而是她原本的個性。在床上躺了那麼久，並沒有讓她打起精神面對未來。她對世界還是一樣防備，把其他人都想得很壞，甚至比以前更相信別人都想害她。我怕我要是惹她生氣，她也會跟我翻臉。有時候我甚至會想，她永遠待在床上才最安全。

養蜂場就是我的避風港。跟外公相處的時間愈久，我愈是發覺跟他在一起有多自在。我們想說話就說話，沉默也無妨。我們喜歡彼此的陪伴，那種輕鬆自在讓我覺得事情也許沒有我想的那麼糟。我納悶外公有什麼特別的地方，為什麼我跟媽媽就不能像這樣自然而然地相處。愈來愈好奇的同時，我也想知道在我出現之前，外公是個什麼樣的人。他教我的所有事，是誰教他的？我漸漸意識到，外公在變成我的外公之前曾是另外一個人。這個後來成為我生命中最特別的人，我對他的瞭解卻少之又少。

有一次開車去大蘇爾的途中，我終於問他為什麼會變成養蜂人。

「我爸養蜂，他爸養蜂，我的親戚也養蜂。我媽的出生地波斯特農場裡有蜂窩，她的爸爸和爺爺也養蜂，大概因為這樣我就成了養蜂人。」

「**你**為什麼喜歡養蜂？」

在一號公路上，我們前方的露營車笨重地開往一處海邊暫停區，遊客都到那裡拍攝連接兩岸的單拱橋。外公慢下車速，耐心等露營車開過去。

「嗯……可以獨自一個人工作，不會有人吵你。照顧蜜蜂動作要放慢，所以我想這是一種能讓心情平靜下來的工作。而且，把蜂蜜送到客人手中的時候，他們都很高興。」

前面的露營車切到旁邊，外公跟司機揮揮手，我們繼續往南開。

「此外，大蘇爾很適合蜜蜂居住。」外公又說。

「為什麼？」

「我得好好照顧蜜蜂，把牠們放在一個可以自由飛翔的地方。」

我不懂。蜜蜂不是想飛到哪裡就飛到哪裡嗎？

他把保溫瓶轉開，一手按著方向盤，一手把杯子遞給我，要我幫他倒咖啡。我等著咖啡因發揮效用，讓他的頭腦清醒過來。他搖下車窗，把手肘靠在車門上，準備好對我從頭說起。

「養蜂人有三種。」他開始說。

業餘愛好者只有幾個蜂巢，目的是要瞭解蜜蜂的習性，採收的蜂蜜不多。像他這樣的兼職養蜂人則是在固定的地方放置一百多個蜂箱，經營小本生意。最後一種是擁有好幾千個蜂箱的大老闆，他們載著蜜蜂在全國各地跑，為大型農場授粉。

「這些游牧式的養蜂人甚至不用採收蜂蜜，只要把蜜蜂租給農民就能獲利。」他說。

我從沒想過除了外公的方式，還有其他的養蜂方式。他跟蜜蜂和平相處，瞭解牠們的需求，很難相信在大蘇爾以外，存在著相反的模式。蜜蜂坐著車在公路上奔波，到不同的地點被迫替人類工作。

「那些蜜蜂都去了哪裡？」

他說大都是中央谷地的杏樹農場。整個加州能幫杏花授粉的蜜蜂不夠多，但杏樹又得靠蜜蜂才能授粉，因為牠們的花粉太重，風吹不動。到了春天，來自其他州的養蜂人會用堆高機將他們的蜂箱放進果園，把蜜蜂留在那裡幾個禮拜，幫一望無際的一排排杏樹授粉。外公說，蜜蜂需要各種不同的花粉維持健康，但這些到處移動的蜜蜂，被迫天天吃同樣的東西。

「想像一個月每天都吃熱狗，下一個月每天都吃漢堡。」外公說：「如果是妳，妳會怎麼樣？」

「大概會吐吧。」我說。

「就是這樣。」

蜜蜂在一個農場授完粉之後，養蜂人就把蜂箱收回去，等到下次花期再把蜜蜂送到下個地方，也許是史塔克頓的櫻桃農場，或是華盛頓的蘋果農場。這些「雇用蜜蜂」從二月一直辛苦工作到八月，這表示美國的一般蜜蜂在公路上的時間比在野外還多。

「所以我才不移動我的蜂箱。」外公說：「我認為那些商業蜜蜂壓力過大。把蜜蜂從棲息地移走是不自然的事情，牠們會失去方向，要重新安頓下來也要一段時間，那對蜜蜂的生態系來說太嚴苛了。」

外公說，蜜蜂之所以過勞，不只是因為到處奔波。牠們從農作物上帶走的殺蟲劑，也會滲入蜂巢建築。就好像住在油漆含鉛的房子裡，一開始沒什麼感覺，久而久之，蜜蜂會神經系統失調，喪失飛行能力，最後死掉。

「所以我才把蜜蜂放在遠離人群的地方。這樣接觸不到化學藥劑，我才能保護牠們。」外公的蜜蜂很安全，但現在我開始替到處移動的蜜蜂擔心起來。牠們全都會生病死掉嗎？

「蜜蜂有麻煩了嗎？」

「目前還好，」外公說：「但如果我們繼續把蜜蜂當奴隸一樣對待，蜜蜂就可能永遠消失。」

「然後呢？」

「然後我們就沒東西吃了。」

這就是我的問題的答案。外公會當養蜂人，是因為他知道真正重要的事是什麼。他知道一個人一生中的付出和收穫應該取得平衡。而良好的關係，不管是蜜蜂和人類、母親和女兒，或是兩個中學同學之間，都需要從瞭解和珍惜對方開始。

13 蜜蜂採花粉，要先學會飛

一九八二年

等我再大一點、對自己更有自信，我就坐巴士到更遠的地方上中學，學更多的東西。像蜜蜂一樣，我從嘗試和犯錯之中學習，一次又一次，直到學會為止。

我開始上國中不久，家裡的生活空間安排突然有了改變。看到隔壁的房子一貼出「出租」告示，外婆馬上抓住這個機會。隔壁做柳條搖籃的太太才剛打包完，外婆就宣布：我們一家三口要搬到隔壁，由她來付房租，附帶條件是媽媽要去找工作，自己負擔生活費。胡蘿蔔策略發揮了效用。媽媽在銀行找到貸款辦事員的兼差工作。在我們抵達加州七年後，外婆終於要回了她的房子。

我們的新家比外公外婆家還小，沒有暖氣也沒有淋浴設備，地板有些還翹起來，但至少完完全全屬於我們。浴室和廚房的亞麻地板已經破損龜裂，紗門歪向一邊，墨綠色地毯有香菸燒傷的痕跡，但這些都無所謂。因為我相信這棟破舊小屋會是我們重新變回一家人的地方。離開了外婆的羽翼，媽媽就能夠再度當我們的媽媽。我們會在這間房子裡展開新生活，或許，只是或許，有一天等一切好轉，我就可以邀蘇菲亞來家裡玩。

房子的兩邊各有一間房間，媽媽一間，我跟馬修共用另一間車庫改成的房間。我們的房門口有三階樓梯，地板是水泥地板，上面鋪了薄薄的黃褐色地墊，而不是真正的地毯。牆上各有兩扇窗，高度及腰。房間很冷，粗糙多節的松木牆沒有絕緣效果，但好處是它有兩個衣櫥，我跟馬修第一次有了一點點私人空間。

外婆去了一趟蒙特利的拍賣公司，選購我們的家具。她買了一組上下鋪和一張鏡子都長斑的古老西式梳妝台，讓我跟馬修共用。拍賣公司把一張雙人床、一張膠合板梳妝台和一張只有一個抽屜的邊桌，送進媽媽的房間。沙發太貴，所以外婆買了會扎人的印花雙人椅。這張椅子是我們客廳唯一的座位，是三口之家最不實際的選擇，因為一次只能坐兩人。另外還有一架很薄的書櫃，每次拿書歸位都會晃來晃去。媽媽把頂部有V形天線的六吋黑白電視放在壁爐架上，但離雙人椅很遠，根本看不清楚。最後的裝飾是一部手提式電唱機，她把它放在瓷磚茶儿上，輪流播放她的三張唱片：《週末夜狂熱》、《火爆浪子》和《比吉斯合唱團》。媽還擺出她從車庫拍賣會買來的植栽吊籃和蜘蛛蕨。

搬家那一天，我跟馬修把我們的衣服和鞋子放進衣櫥，仔仔細細排了又排。

「嘿。」馬修說，從衣櫥裡探出頭，他正把樂高組堆在架子上。

「怎樣？」

「廚房有東西可以吃嗎？」

「去看看。」

「妳去。」

「你很幼稚耶。」我拋下一句。

冰箱是酪梨色，跟烤箱一樣顏色。我打開冰箱門，裡頭只有六罐可樂、一大盒低脂鄉村乳酪、芹菜條、半顆乾巴巴的葡萄柚，還有一包英式馬芬。媽媽又在減肥了。我打開所有的碗櫃，終於找到一個碗，然後舀了一些乳酪到碗裡。

「妳這是在幹什麼？」

我往後一跳，突然覺得自己做錯事。

媽把碗從台子上收走，把乳酪倒回原來的容器，蓋上蓋子放回冰箱。她還故意大力關上冰箱門。

「第一，那是我買給自己的食物，在這裡，妳不能想拿什麼就拿什麼。」她說：「第二，不要這樣開冰箱門，冷空氣會全部跑出來。」

於是，新秩序就這樣成立：這房子是她的，我跟馬修只是剛好住在這裡的一個小角落。我把空碗洗乾淨，努力提醒自己外公給我的建議：不要讓媽媽影響我的心情。我想回嘴，但知道回嘴也沒用。媽媽生氣起來就像行進中的火車，想把她拉出軌道是不可能的事。發怒的時候，她渾身帶刺，想把刺扎在周圍的每個人身上，彷彿早就知道自己一輩子都會生氣，所以想拉人作伴。我默默把碗擦乾，放回碗櫃，走回我的新房間，她在旁邊一直等我跟她道歉。以為換了地方住，媽媽就會覺得我跟馬修沒那麼煩人，是我太過天真。人不會因為換了環境就改變觀念。心中的微小希望來得快，去得也快，我鬆開手，讓漂亮的緞帶飄落在地。看到我空手而回，馬修一臉失望。

「我們去看看外婆的冰箱。」我說。

接下來幾個禮拜，我們弄清楚了媽媽的新家規。食物都仔細分開，一邊是她的低糖汽水和點心，一邊是我跟馬修得自己加熱的微波餐，例如冷凍的墨西哥捲餅、漢堡和電視餐。但她的占有欲遠遠延伸到食物以外。我跟弟弟要經過她的同意才能看電視、打電話或開電熱器。因為她現在得自己付帳單，對我們用水用電都斤斤計較。只要我們去洗澡，她就會站在門外，要是超過她的用水限制就會大力敲門。我跟弟弟學會在她下班之前洗好澡，在她到家之前一小時就關掉電視，這樣電視機才會冷卻，不至於穿幫。她報復的方式就是把電視搬進她的房間，不讓我們看。後來電話也進去了，再來是收音機，最後我們看到她的次數比在舊家還少。過沒多久，我跟馬修開始跑回外公外婆家吃熱騰騰的晚餐、盡情洗澡、看電視。

付不出帳單之後，連媽媽也開始往舊家跑。首先，為了省錢，她取消了收垃圾服務，開始把垃圾袋丟到外公外婆的垃圾桶裡。為了省水，她把衣服拿到外婆家洗。後來甚至去外婆家借牛奶或奶油，或是從外公的柴堆偷一些木柴。外婆為了讓她待在自己家，只好每個月給她零用錢。

新家我最喜歡的地方就是浴室，因為在那裡可以享受真正的隱私。我喜歡泡在浴缸裡讀我最愛的偵探小說，直到水變涼為止。有天下午泡澡時，我靈機一動，心想如果我把微溫的水放掉，再放一點熱水進來，就能泡在浴缸裡看更久的書。我知道這麼做很危險，因為媽媽可能會聽到我泡完一缸水又加水。但如果我只用腳趾頭稍微扳開浴缸塞，讓水一點一點漏掉，也許她就不會聽到。儘管花了很長時間，我終於把一半的水給放掉。我輕輕打開熱水的水龍頭，還把毛巾放在水流下減輕聲音。我的小造反成功了，溫暖的水從大腿湧上來，當浴缸冒出陣陣熱氣時，我再次放鬆下來，沉入書本的世界。

才讀兩個句子，我就聽到腳步聲加速逼近，浴室門砰一聲打開。媽關上水龍頭，搶走我手上的書往牆上扔，然後彎身靠近我，溫熱的呼吸跟我的混在一起。她好像貓，靠上前要聞我身上的恐懼。

「妳在搞什麼鬼？」

我盡可能不要亂動。她跟我都知道我在做什麼。偷偷用水。我媽抓住我的手臂把我拉出浴缸，因為速度太快，我不得不貼著她才不至於摔倒。我站穩腳，全身都在滴水，她用身體擋住門。她氣炸了，我從沒看過她的臉紅成這樣。

「不要以為妳比我聰明。」她用手指戳我。

「我沒有。」

我開始發抖，得想個辦法從她旁邊逃出去。也許只要道歉就好了。

「你們兩個人這樣浪費水已經讓我厭倦透頂。你們好像以為我是錢做的。妳給我聽好了——我不是。」

「抱歉。」我低喃。

其實我氣炸了，一點也不覺得抱歉。蘇菲亞家從來不用在意用水，無論是要洗碗、淋浴或沖馬桶，都不需要猶豫。但是在家裡，我隨時隨地都要煩惱用水，光是擔心水不夠用，我就緊張到腸胃打結。我知道我不該耍小聰明，好多用一點水。我的腦袋快速思索著既能安撫她又能抓到毛巾的方法。

「妳聽起來並不覺得抱歉。」

「我可以拿毛巾嗎？」

媽媽瞇起眼睛。「這件事還沒完。」

我不知道這樣是暫時放過我，還是一種威脅。我沒找出答案就衝向毛巾架，抓下一條毛巾，從她背後溜走，趁她還沒反應過來趕緊奪門而出。我跑向房間，希望馬修在裡頭，因為二對一勝算比較大。

我的腦袋還沒認清狀況，就感覺到她整個身體像床墊一樣壓在我的背上。我往前撲倒，重重摔在地毯上，整個人像消了氣一般。我奮力尋找呼吸時，時間彷彿停止了。之後，我像個洋娃娃被翻過來，媽媽像摔角選手把我按在地上，身體有如沙包壓著我，我只能大口喘氣。

「你們兩個小孩就只會拿、拿、拿！我為你們做了那麼多事！全部都得靠我一個人，你們說過一聲謝謝嗎？從、來、沒、有！」

我的心臟貼著她的大腿內側鼓動，我舉手打她的手臂，想爬起來，但身體動彈不得。

我體內的腎上腺素狂飆，我使出最大的力氣揮打，還是推不動她。我亂揮亂打，她試著抓住我的手，我們就像兩隻貓在互打。最後她抓住我的手腕，把我的雙手交叉按在胸前。她的嘴唇繃緊，在我上方對著牆上的一個點大吼。

「妳都不知道我生不如死！」她失去理智的胡言亂語把我嚇到不敢反抗。我不再掙扎，不確定到底發生了什麼事。她好像在跟我看不見的人說話。

「沒有人喜歡我。**從來都**沒有人喜歡我！」

一股恐懼充塞我的胸口。媽媽的心智產生了變化，不知飄到何處，那是個我碰不到的地方。從她體內發出的聲音是我熟悉的聲音，但年輕很多，是我想像中她仍是個小女孩的聲音。她甚至有可能不知道自己在做什麼。這也是最嚇人的部分，要是她對我做出更可怕的事呢？我求她放開我，但說出的話一概從她身上彈開，沒被聽見。她的痛苦化為不斷重複的一串字。

「沒有人！沒有人！沒有人！」

她把手埋進我濕答答的頭髮，手指鉤住兩束頭髮用力一拉。突然間，我的頭皮彷彿有千根針在刺。她抓住我的頭左拉右扯，我們兩個都在尖叫，聲音模糊成一團，就像掉入陷阱的動物發出的哀號求救聲。我感覺到自己的毛囊被扯下來，我從眼角看見頭髮從她的指間滑落，掉到地上。我扭來扭去想掙脫，但她微微改變重心擋住我，害我無路可逃。

我全身虛軟，不再反抗，閉上眼睛，看見自己沉入漆黑的海底，從她身邊愈漂愈遠。我愈往下沉，周圍就愈安靜，最後她的尖叫聲也消散了。我輕輕沉到海底，看不見也聽不見。當我躺在柔軟的沙地上時，伸縮鐵門把我心臟的四面牆壁都關上，整個封鎖起來，她再也無法觸及。

就在那個時候，我決定了自己不再是她的小孩。這個念頭一浮現，一道溫暖的光線就穿破黑暗，直抵海底，溫暖了我的全身肌膚。我自由了。她想怎麼對我都無所謂了。我屬於我自己，再也不屬於她。如釋重負的感覺像繭一樣把我包裹，我再也不需要因為她是我媽就一定要愛她。我只要在她的掌控下活下來就行了，有天可以永遠離開她。外公說的沒錯。只要我聽她的，不要招惹她，我就能活下來。我的身體雖然被囚禁在她的身體底下，心卻不一定要這樣。想到這裡，我不由得笑了。

「怎樣，覺得很好笑嗎？」

她舉起手，又快又狠地甩了我一耳光，我的臉像觸電一樣。我用雙手摀住臉，別過頭。媽正要再打我一耳光時，我從指縫看見馬修從房間走出來。

「媽媽！」他大喊：「不要再打她了！」

他的聲音像套索般落在她身上，她馬上停住，用困惑地表情低頭看我，好像不認得我。她倒抽一口氣，從我身上爬起來，跌坐在地毯上，肩膀隨著呼吸起伏。我像螃蟹一樣往反方向逃走，退到牆邊，繼續盯著她。她哭了起來，抱著膝蓋前後搖晃。我伸手去摸髮際線，按住禿掉的那塊頭皮，讓它不再顫動。我站起來，用陣陣發抖的雙腿沿著牆壁慢慢走到房間，很快穿上衣服。聽到房間門嘎吱一聲，我瞬間愣住。

「是我。」馬修說，把頭伸進房間。

他走進房間牽起我的手。我們從蜷成一顆球的媽媽面前跑過去，衝出房子穿過籬笆，跑進外公外婆家。我們衝進客廳歇斯底里地搶著說話時，外公外婆正在看電視。

「慢慢說，慢慢說，」外婆說：「一次一個。」

我努力解釋，但說到一半就嗚嗚哭了出來，於是馬修替我說完，把他看到的景象告訴外婆。外公伸手去摸躺椅的控制桿，把椅子拉直。外婆臉色大變，馬上關掉電視。「你們做了什麼事惹她生氣？」

「老婆！」外公說，對她露出一點幫助也沒有的懇求眼神。剛剛他竟然糾正了她，她不敢相信自己的耳朵。

「你說什麼？」她對外公說，語氣像在斥責頑劣的學生。

外公轉向我，問：「有沒有受傷？」

「我看是還好。」外婆說，從另一頭瞇眼看我。她轉身走向臥房，邊走邊喃喃碎念。「一下這個，一下那個，要到什麼時候我的耳根子才能清靜。」

我聽到她撥電話給媽媽，之後是低沉的安慰聲。八成是媽媽在指責我的不是。

外公嫌惡地搖搖頭，我以為他會說話，但最後他還是把話放在心裡。他站起來嘆了一口氣，好像已經憋了很久。

「我們去外面。」他說。

用不著討論，我們三個直接走向外公的蜂窩。蜂巢外比平常熱鬧，一開始，我還以為大概是有蜂群要分封了。但一走近我才看見只有一群蜜蜂繞著蜂巢飛。牠們飛上天空，在蜂巢前繞一小圈再回到入口，一再重複這個過程，好像不敢飛遠。

「牠們在幹嘛？」馬修問。

「練習。」外公說，把檢查耙拿給我，把噴煙器遞給馬修。我跟外公把第一個蜂箱的蓋子打開，馬修往入口噴煙。

「練習什麼？」我問。

外公跟我們解釋，當內勤蜂長大，準備出去採花粉時，不會有一天就突然從蜂巢飛出去。牠們要先學會飛。

「每天大概這個時候，蜜蜂會上飛行課。先在蜂巢前慢慢畫8字形，記住路標和陽光的角度，才找得到回家的路。每天牠們都會跟著年紀較大的蜜蜂，把8字愈畫愈大，直到飛得平穩為止。等到準備好了，牠們才會出去採花粉。」

「牠們要學多久？」我問。

「不知道。每隻蜜蜂都不一樣，不是嗎？」

有道理。我也不是有一天突然就離家，或學會讀書跟算術。我得去上學，不斷地練習。等我再大一點、對自己更有自信，我就坐巴士到更遠的地方上中學，學更多的東西。等我開始上高中，生活圈會變得更大。像蜜蜂一樣，我從嘗試和犯錯之中學習，一次又一次，直到學會為止。

外公拿起一個巢框，放在陽光下傾斜，檢查蜂窩上的卵。我看著蜜蜂修補蜂蠟上的裂縫，用前腳和上顎互相幫對方整理，把頭伸進育嬰巢室餵食幼蟲。蜂巢裡的一切秩序井然。蜜蜂永遠在工作，永遠目標清楚，有一定的節奏，那讓我的心平靜下來。我感覺到體內的恐懼鬆開，肩膀也跟著放鬆。

外公把一片巢框放在面前，隔著蜂巢跟我們說話。

「想談一談你們的媽媽嗎？」他問。

我跟弟弟看著彼此，等著對方先開口。

「我不想回去那裡。」我說。

「你們今天可以睡這裡。」外公說：「別擔心，我們會想出辦法的。」

馬修拔了一束青草塞進噴煙器的噴嘴，再還給外公。

「她為什麼發火？」外公問。

馬修轉頭去看鄰居的院子，彷彿這段記憶讓他難受到無法再說一次。

「我偷用熱水。」

外公搖搖頭，喃喃地說：「那個女人。」

就在這時候，外婆的聲音飄過來。她站在門口，手裡握著一路從廚房拉出來的話筒。

「梅若蒂！過來跟妳媽道歉。」

我縮起身體。我是錯了，但媽媽的反應更是錯得離譜。我才不要跟她道歉。

媽媽把我壓在地上時，痛苦的回憶從她腦中模模糊糊地浮現，露出她破碎的一面，把我給嚇壞了。她在對過去的某個人大吼，當下卻在打我耳光。那甚至不是道歉就能彌補的事。媽出了很大的問題，卻沒人願意認真面對這件事。

我們離開羅德島已經七年，媽媽卻跟抵達當時一樣消沉，甚至每下愈況。每年只要運氣沒變好，她向下墜落的速度就會加快一點，讓旁人愈來愈難把她拉出恐懼的深淵。我原本期望工作會轉移她的注意力，誰知反而讓她更把自己看成受害者。她把貸款失敗的顧客出在她身上的氣帶回家，抱怨老闆無能，站一整天腰痠背痛，同事又懶又笨，而她老是被叫去補他們的缺。從來沒有一件事是順利的。憤怒在她體內一層層愈積愈多，每天都增加一點，最終將她吞沒。

如果她今天突然打我，明天、下個月或明年，她也很可能對我動手。道歉等於是默認媽媽的攻擊行為，而我會被打是我自找的。現在我學聰明了。從此以後，我發誓要盡可能離媽媽愈遠愈好。

外婆又叫了我一次，這次更大聲。我看看外公，我需要他為我挺身而出。

「在這裡等我。」外公小聲地說：「我去跟她說妳現在還太激動。」

外公讓我暫時不用跟媽媽道歉。我跟馬修早早上床睡覺，迴避媽媽不斷打來找我的電話。當我躲在被窩裡等睡意降臨時，我想起爸爸問我會不會比較想跟他住的那一晚。他還問我媽有沒有打過我，當時我聽了很錯愕。難道他是在警告我嗎？是什麼讓他覺得媽媽可能打我？

「你睡了嗎？」我輕聲問。

「還沒。」馬修說。

「謝謝。」

馬修吸吸鼻子，我不確定他是不是在哭。「妳也會為我做同樣的事。」

「那當然。」我說。

「妳還好嗎？」他問。

我的臉頰被媽媽刮過去的地方還熱熱的。

「我不會有事的。」

我睡睡醒醒，為自己或許該選擇跟爸爸住而煩惱。

隔天早上，我在浴室的鏡子上看到昨晚吵架的證據：我的一邊臉頰被媽媽的指甲從眼睛刮到下巴，留下四條痕跡。刮痕又痛又燙，從臉上浮起來，像四條肥大的紅色毛毛蟲。我看起來好慘，但我不可能留在家裡不去上學。學校比家裡安全。要是有人問起，我就說那是我跟弟弟打架弄傷的。到了學校，我堅持這個說法，但有些老師遲疑片刻才決定相信我的謊言。

之後幾天，我跟馬修都睡在小紅屋裡，外婆每晚跟媽媽通電話。我一直想不通她們為什麼要這樣對話，明明只要其中一人走一小段距離就能當面談。我感覺到她們在商量什麼重要的事，我跟媽媽到了某個時間點，就不得不跟彼此說「對不起」。我以為我一定會被處罰，但遲遲沒發生。

我們反而坐上了飛機，跟每年夏天一樣去找爸爸。我們在爸爸面前什麼也沒提，怕他會把我們從加州拉進一個未知的生活。媽媽發飆的事成為我們家另一個藏在深處、不可告人的祕密。

我們不在家期間，外婆買了一台二手露營車，要外公把它拖到蜂蜜巴士附近。看起來像白色鐵皮屋，後面裝了輪子，大約十五呎長，一次只能容納兩個人。窗戶是水平的玻璃板，可以往外推。一邊擺著一張單人床，對面是小餐桌椅，中間是水槽、小冰箱和衣櫥。裡頭有點霉味，沒有暖氣。我看了一頭霧水，因為我們家沒有露營的習慣。

從東岸回到家之後，外婆對我們宣布，這輛露營車以後就是馬修的房間。她的解釋是，我們已經長大，應該要分開睡。因為是外婆說的，我跟弟弟也不疑有他，雖然十二歲的我和十歲的馬修從不認為睡同一個房間有哪裡不好。我覺得羞愧，因為這種安排像在暗示我跟弟弟做錯了事，但我不懂長大怎麼成了一件壞事。外婆期望我們表示感激，我們卻呆呆地看著她，兩人都隱隱有種失落感。

我跟馬修走進拖車，看看四周，試試床有多硬，開開抽屜。他轉開水龍頭，但沒有水流出來，因為外公還沒接好水管。我突然很嫉妒他。跟媽媽吵架的是我，為什麼被救出來的是他？現在屋裡只剩下我跟她。要是下次我尖叫時，馬修沒聽到呢？馬修看到我臉色不對，就說我隨時都可以來找他，想讓我心情好一些。這對我也算某種安慰。

外婆探頭進來把鑰匙拿給馬修。

她轉頭要走時，我喊住她：「等一下！為什麼是他住拖車？」

她轉頭面對我，雙手扠腰。

「他是男生。」外婆說，好像這個理由就足夠充分。

「可是我比較大。」

「女生不應該自己睡在外面。」

短暫的沉默卻道盡了一切。她明知道這個新安排會讓我變得孤立無援，她卻什麼都不說，諒我也不敢戳破家裡的祕密。

「那我要怎麼辦？」

「現在妳有自己的房間了。」

「可是那……」

外婆打斷我的話。「如果需要，妳可以過來我們這裡的房間睡，」她說：「但不要變成習慣。」

外婆不去責備媽媽、開家庭會議或尋求專業諮詢，找出幫助媽媽的方法，反而給了我和馬修逃避的空間，選擇把問題掩蓋起來。她的解決方法等於是默默助長媽媽的行為，要我跟馬修配合她隨時會失控的情緒。媽媽無法自己應付生活，外婆就替她接手。我跟弟弟是她過去生活的遺跡，她只想從記憶中抹除。我們的存在只是不斷提醒她被剝奪的未來，讓她感受到無情的挫敗。外婆一心想保護自己的孩子，她願意做任何事來安撫媽媽，為她擋住痛苦的現實，即使那包括幫她推卸她不想要的責任，也就是我們。

我躲回拖車，關上車門，在餐桌椅上坐下來。馬修坐在我對面，一臉茫然，像剛剛失去一秒前仍在手裡的東西。

「你真幸運。」我說。

「大概吧。」他說。

「是你要求要有自己的房間？」

「不是。」

「你想睡在這裡嗎？」

馬修聳聳肩，他跟我一樣不知所措，但也一樣無可奈何。他指著小餐桌椅上的架子。

「我可以在那裡放音響。」他說。

我正要問他從哪裡弄來音響，就傳來敲門聲。馬修打開門，媽媽用手肘把他推到一邊，鑽進車裡。三個人在裡面，就像站在擁擠的電梯裡。

「這裡很不錯。」她說，轉了一圈好看個清楚，然後把手伸向我，溫柔地說：「過來這裡。」

她整個抱住我。即使我對她還懷有恐懼，卻自然而然在她懷裡放鬆下來。溫熱的淚水落在我的肩膀上。「我最近都沒怎麼睡。」她說，吸吸鼻子。

她鬆開手，歪歪頭查看我臉上已經淡化的傷痕。

「痛不痛？」

「不痛了。」

她看著打開的車門，別過頭跟我說話。

「妳知道我是愛妳的，但有時候妳讓我很生氣。」我聽到她大力揉著塞住的鼻子。「我討厭我們吵架。我們不要吵了好嗎？」

她變了個人，讓我不知所措，但為了避免再起衝突，我順著她的話說好。

她又抱了我一次，便起身走人。我跟馬修目送她離開。她走了幾步又轉過頭，臉上帶著頑皮的微笑。

「嘿，」媽大聲喊：「妳愛我嗎？」

我站在門口點點頭。

「是嗎？」她用孩子氣的聲音問：「有多愛？」

這是以前我們在羅德島常玩的遊戲。她會一再問我我有多愛她，我會張開兩隻手，回答「這麼愛」，每次回答兩手就打開更多，最後張大到不能再大，整個身體變成大字形為止。我都這麼宣示我對她的愛。

我把手張開一些些。有那麼愛。

「有多愛？」她柔聲問，語調像在唱歌。

「這麼愛！」我大喊，把手張到最大，感覺像個演員在電影裡飾演我自己。

「我也一樣！」媽媽笑容燦爛地說。就這樣，媽媽以為一切又恢復正常。但是看著她走回屋子裡，我知道我跟她之間有了永難磨滅的疙瘩。她的房子不是我的家，是個我必須保持警覺、隨時準備逃命的危險地方。從現在開始，我要耐心等到高中畢業、有能力逃走為止。在那之前，我會扮演她的乖女兒，盡量少待在她的房子裡，跟她在一起就面帶微笑，假裝親切。如果這個家沒人能保護我，我只好自己保護自己。

「好怪。」馬修說。

「的確。」

14 為了達成目標，拚了命地跳舞

一九八四－一九八六年

舞跳多久就表示從蜂巢飛到目的地要多久，跳得多熱烈就表示食物的品質有多好。

我弟的露營車是我們終於脫離媽媽的標誌，也是我們開始各走各的路的轉捩點。十四歲那年，我已經放棄媽媽會在新家重新開始的希望。我發現這個願望太天真，跟小朋友祈禱能得到一匹小馬一樣難以實現。家裡沒人提到她愈來愈暴躁易怒，但大家都心知肚明，外公外婆也因此重新安排了我們的生活空間，好讓我跟弟弟在她身邊生活能安然無恙。

我跟馬修回到小紅屋看電視、做功課，跟外公外婆一起吃晚餐。之後馬修會溜回他的露營車，我則留下來跟外公下棋，拖到媽媽回房睡覺，才躡手躡腳跑回房子另一頭的房間。

媽媽對我們消失無蹤沒有怨言也沒有疑問。我們愈來愈少看到她，彼此迴避的同時，也因為不用再勉強維持母子關係而鬆了一口氣。

馬修開始上國中、我升上高一時，我們三個人身體上的距離就像鄰居，情感上也差不多。這是一個顧全面子的折衷方法，雖然無法解決我們被遺棄的根本問題，但立即解決了我們的安全問題，而且因為能避免衝突並維持媽媽仍是我們媽媽的假象，也算發揮了效用。外婆想出的妙計加上外公的默許，我跟馬修被迫接受了這個奪走我們媽媽的信念系統。那就像跟一個還有生活能力的酒鬼一起過日子，卻不能說出實情，而家人為了怕她找我們麻煩，拚命把她的酒杯斟滿。

馬修十二歲了，已經習慣住拖車的生活。一開始，他不敢一個人睡。以前他都跟媽媽或我一起睡，第一個禮拜，他晚上都會哭哭啼啼跑回小紅屋，後來就習慣了。拜水管和延長線之賜，車上有了自來水和電燈之後，他就好多了。現在他幾乎整天都躲在車上。到了夏天，他會把車窗和車門打開，讓空氣流通。到了冬天，車上冷到呼吸都冒白煙，他就鑽進很多條電毯裡。他在牆壁上貼了「匆促」(Rush）搖滾樂團的海報，還在車上裝了外婆從電器行抱回來的便宜音響，把他的小窩改造成轟隆隆震動的揚聲器。他跟幾個朋友在學校組了搖滾樂團，隨時隨地拿著鼓槌在敲，隔絕媽媽突然爆發的怒火，躲進只有他自己能聽見的節奏中。

他只有早上上廁所，還有到電熱器前換校服，才會走進媽媽的房子。我出現的時間也一樣少，只進去睡覺，或是偶爾趁媽媽不在家，跟馬修偷偷進廚房煮起司通心麵或微波墨西哥捲餅。吃完之後，還會把廚房仔細清乾淨，把東西歸位，免得惹她生氣。

遇到媽媽的時候，我們的互動就像礙於經濟狀況、共用空間的室友一樣客氣而不自然，但打個招呼就算了事。她不會關心我們的生活，我們也不會過問她的。我們心裡都知道媽媽只想偶爾更新我們的現況，而外公外婆會照顧我們所有的需求。對媽媽來說，我們一個十四歲、一個十二歲，已經大到可以自己照顧自己。

外婆把我們的生活空隙填滿，為我們安排棒球、童子軍、游泳課、藝文課等各種活動。一方面讓我們免於孤單寂寞，一方面也把我們的感受推到我們觸及不了、甚至不知道它們應該存在的遙遠角落。我們學會了往前看，還有安靜不多話。

外公一有機會就帶我跟馬修到大蘇爾，遇到採收季節，也把我們兩個都帶進蜂蜜巴士。長更大之後，我發覺他的蜜蜂課有著更嚴肅的寓意——溫柔地提醒我們要把眼光放遠，想想我們想要什麼，而不是媽媽需要什麼。外公用了很多隱喻，把蜜蜂當作例子，跟我們解釋做人處事的方法。他在蜜蜂身上發現了高尚、令人欽佩的一面，並把這轉化成他的道德準則。他用他的微妙方式鼓勵我們迎向生活，不要逃避。他提醒我們，蜜蜂活著有遠比自己更遠大的目標，每隻蜜蜂都貢獻一己之力，結合起來成為更大的力量。牠們不像媽媽一樣逃避活在世上的考驗，反而藉由慷慨分享讓自己變得不可或缺。蜜蜂付出比得到的更多，藉此存活下來，甚至達到或可稱為「高雅」的生命姿態。

夏天的某個早上，我跟外公改走小路去看大蘇爾的蜂巢，因為他厭倦每次都走好走的帕羅科羅拉多峽谷路，穿過一樣的尤加利樹和紅木樹叢。我們涉過格拉帕塔溪，喀達喀達開過廢棄的伐木小徑。這條人間稀少的路比較刺激，車子很可能會卡在水溝裡動彈不得。

他用四輪驅動穿過樹叢，月桂葉和毒橡樹刮過我們的車窗，可憐的麗塔從駕駛座底下的窩彈出來，跳到我腿上。我緊緊抱住牠陣陣發抖的身體。輪胎在濕滑的泥土路上打滑，因為有泉水從山腰上流下來。有一度，車子彈上彈下，開過一片擋在路中央的落石。我們好不容易抵達目的地，好險沒困在路上，得叫托洛特兄弟出動絞盤來救我們。

外公從貨車後面拿出工具，我跟麗塔跑去溪邊尋找動物留下的足跡和氣味。我希望能幸運找到紀念品，比方有一次我就發現了蛇皮。

外公需要我幫忙時會吹口哨，聲音在峽谷裡迴盪。我正在觀察浣熊的掌印，聽到哨音就站起來，跑回養蜂場。我戴上面網，外公把噴煙器交給我。我往第一個蜂箱的入口噴了幾次煙，守衛蜂急急退回蜂箱。外公把內蓋撬開，我聽到黏黏的蜂膠啪一聲打開，露出下面懸掛的十個巢框。

蜜蜂在巢框間的空隙排成一列，每個縫隙都是八分之三吋，寬到能讓蜜蜂通過、但又不能用蜂蠟造橋，把巢片全部連在一起。牠們從巢框上方探出頭，看看是誰闖進牠們家。黑色的頭排成一列就像閃亮的豆子。

我們等了一會兒，讓蜜蜂適應屋頂突然不見的狀況。牠們防備地看著我們，有幾隻蜜蜂大膽脫隊，爬到上框轉轉觸鬚，評估狀況。過一、兩秒，牠們決定危機解除並且把訊息傳給其他蜜蜂，於是蜜蜂重新開始移動，重返工作崗位，不再理會我跟外公。外公把第一個巢框拿起來，巢片兩面都爬滿蜜蜂。他把手上的巢框遞給我，伸手去拿第二個。

現在，我已經可以拿著爬滿蜜蜂的巢框，透過觀察蜜蜂的行為辨認出牠們各自的職位。我看見管家蜂在清理六角巢室的結晶，收蜜蜂把花蜜儲存在別的巢室，建築蜂在修補蜂蠟巢室上的裂縫。但我的目光被蜂巢的一個角落吸引。只見有隻蜜蜂起勁地左右搖擺，像被電到一樣，牠一邊拍著翅膀，速度快到都看不見翅膀，身體變成一抹黑污。接著牠突然停住，像在喘口氣，走了幾步之後又開始晃動。一群蜜蜂靠過來查看。我把巢框拿到外公面前，指指那隻蜜蜂。

「牠是怎麼了？」

「沒事，那是跳舞蜂。」

外公跪下來看個仔細，為我解釋牠跳的舞步。

「那是外勤蜂，牠找到一處很棒的食物來源，正在告訴其他蜜蜂怎麼過去。」他說。

我看著跳舞蜂沿著直線走路，發出我從沒聽過蜜蜂發出的聲音，很像跑車引擎的轟隆聲。牠擺動著腹部又突然停住，然後往右一轉、繞一圈回到起點，形成一個大寫D的圖形。接著牠重複一遍又一遍的動作。有時牠會左轉，倒著畫出D形，但每次都會回到起點。有些蜜蜂為牠清出更多空間，其他蜜蜂在牠後面跌跌撞撞，想要模仿牠。牠彷彿著了魔。

那不是我想像中蜜蜂跳舞的模樣。我以為蜜蜂是成群一起跳舞，動作更優雅，身體上下或左右搖擺。這隻蜜蜂在蜂巢裡盤旋，看上去好像嚇壞了或慌了手腳。

「牠在說什麼？」

外公收藏了一些有關蜜蜂的書，甚至有十九世紀的著作。他也讀過卡爾・馮・費瑞希（Karl von Frisch）的著作，也就是一九四四年德國第一位破解蜜蜂之舞、拿下諾貝爾獎的動物學教授。所以他知道這些舞步是有意義的，蜜蜂用它來表達三件事：方向、距離，還有花粉和花蜜的品質。蜜蜂的搖擺舞跟蜂巢上方一條想像的直線的相對角度，像是一根箭頭，指著蜜蜂相對於太陽該飛的方向。舞跳多久就表示從蜂巢飛到目的地要多久，跳得多熱烈就表示食物的品質有多好。熱舞表示蜜蜂發現了一個好地方，或許是一片正在盛開、還很完整的鼠尾草。

其他跑外勤的覓食蜂記下方向，飛出去確認資訊是否正確。如果對結果滿意，牠們飛回蜂巢也會開始跳舞，將好消息傳遞給其他同伴。

外公在跟我解釋時，更多蜜蜂靠過來看舞蹈表演，跳舞蜂很快就有了一小群觀眾。等牠終於停止搖擺之後，觀眾便靠上前觸碰牠。

「牠跳舞的時候會發出震動，其他蜜蜂的腳感覺到震動，就知道要往哪裡飛。」外公說。

蜜蜂一隻接著一隻升起來往西飛去，深入峽谷去找寶藏。我猛然抬起頭，迎上外公的目光，他咧嘴而笑。我大笑出聲，因為學會這種不需要文字的新語言而覺得興奮。

我把巢框拿給他放回蜂箱。

「猜猜看還有什麼種類的蜜蜂會跳舞？」他問。

我心裡馬上畫掉懶惰的雄蜂，還有忙著產卵沒空跳舞的蜂后。育幼蜂不會離開育幼巢室去看外面的世界，所以也不可能。

「猜不出來？」

我點點頭。

「偵察蜂。」

我記得外公說過偵察蜂的工作是去找新家。當蜂群愈來愈大、準備要分封時，偵察蜂就會去挑選新家，帶領蜂群前往目的地。

「偵察蜂利用舞蹈來告訴其他蜜蜂新家在哪裡。」他說。

每年春天，外公就會多了捕捉蜂群這項工作，所以他對蜜蜂分封非常瞭解。當蜂巢的空間容納不下蜂群，蜜蜂自然而然會分封，一群跟蜂后飛到其他地方重建新蜂群，其餘的留下來培育新蜂后。

蜂擁看起來亂七八糟、毫無頭緒，其實都事先計畫過。蜜蜂會先討論可能的路線，減少蜂后的食物量，讓牠變瘦一點以利飛行。蜂群會等天氣暖和再出發，還會事先在肚子裡塞滿蜂蜜，才不至於途中全部冷死。

剛開始，蜂群不會飛得離原蜂巢太遠，通常會在附近的樹上或灌木叢裡聚集幾小時或幾天，直到集體做出在哪裡築巢的決定。聚集在一起的時候，蜂群會派出幾百隻偵察蜂尋找新家，讓牠們帶回幾個選項。就像覓食蜂在蜂巢裡跟大家宣傳哪裡有好料一樣，偵察蜂也會在蜂群上方跳舞，把樹洞、岩縫，甚至木屋牆壁凹洞這些可能地點的方位傳遞給大家。

就像人類去參觀不同的房子，蜜蜂也會從偵察蜂的舞蹈中收集一串地址，再去查看不同的選項。牠們飛到偵察蜂推銷的地點，做做測量，檢查入口是否安全，感覺當地的氣流。

做了決定之後，牠們就回到蜂巢，跟牠們屬意的新家所代表的偵察蜂一起跳舞。隨著能量和情緒逐漸升高，某隻偵察蜂達到關鍵的支持度，共識達成，整群蜜蜂於是跟著蜂后一同出發，前往偵察蜂選定的地點。

愈是瞭解蜜蜂，我對牠們的社群力就愈加震驚。蜜蜂不只擁有自己的語言，牠們也很民主。牠們收集資料，分享資訊，討論不同的選項，然後一起做出決定，完全是為了讓群體更好。

「你說的對。」我說。

「什麼對？」

「蜜蜂**真的**很聰明。」

「這妳早就知道了。」他說。

「我不知道牠們連未來都想到了。」

蜂群的一切都經過事先規畫。一發現問題，牠們就會在問題變嚴重、甚至致命之前，做出改變。要是蜂窩變得太擁擠或太危險，牠們會主動遷往更好的地方，放棄太潮濕、風太大，或是離地面太低、容易被掠食動物破壞的家。蜜蜂有足夠的智慧想像更好的生活，然後勇敢地走出去追求目標。即使有餐風宿露、毫無防備的危險，牠們仍會一起決定到哪裡重建家園。蜜蜂很有勇氣。

「那妳呢？」他問。

外公繼續把巢框一個一個從蜂箱裡拿出來，檢查巢框兩邊的卵和幼蟲，再放回蜂箱。

「我怎麼樣？」

「妳對自己的未來有什麼想法？」

這個問題很難回答。「拿到高中文憑。」我回答，那還要三年。

外公把工具塞回後口袋，帶我走到遠一點的地方脫下面網。他拿掉我的面網，直視我的雙眼。我看得出來，他有重要的事想跟我說。

「我不是這個意思。」他說：「妳有沒有想過以後要做什麼？」

聽到問題我一愣，才發現自己從沒想過這件事。外公在鼓勵我跟偵察蜂學習，開始規畫我的未來。外公外婆家從來都只是我們暫時的避風港，即使我們在這裡住了將近十年。我也沒辦法永遠跟外公住。對未來毫無計畫，讓我覺得心慌。

外公想要告訴我，我必須走出去找到自己想要的目標，然後為了達成目標，拚了命地跳舞。

「去讀大學？」我提議。

「妳開始在想了。」他說。

那次跟外公談完之後，我開始積極投入高中生活。每次考試、每份作業、每次實驗都是我拿到好成績的機會，而拿到愈多A，申請到大學獎學金的機率就愈高。我不是太在意哪間大學會錄取我，甚至要讀什麼科系；大學對我來說，比較像逃離現狀的一個跳板。光是想到餘生要在康騰塔路度過，我很難不熱中於做回家功課。

我成了模範生，每次都提早交報告，讓老師留下好印象。當我告訴外婆，課外活動表現活躍的學生特別受到大學的青睞，她便冒充我寫信給《卡梅谷松果》，主動提議要免費幫他們寫青少年專欄。我毫不意外地得到了這份工作。每兩週，我會用外婆的打字機寫一篇有關高中校園的報導，再由她幫我修訂並查證事實，最後我再親手拿到卡梅市交給編輯。學校有個指導老師提醒我，體育表現對申請大學很有利，於是我每季都參加一種體育團隊，潛水、壘球和草地曲棍球都練過。為了造就我想要的自己，我忙得暈頭轉向。

我夢想有一天能上大學，但又擔心錢不夠，就去卡梅谷唯一能讓青少年拿到像樣小費的地方打工——當地的牛排館。威爾法戈是外婆跟她媽媽在一九二〇年代初抵卡梅谷時下榻的一家古老旅館。當地人都很喜歡這家店。它保留了原本的西部牛仔風格，昏黃的酒吧裝了紅色絲絨窗簾、壁爐，還有牆壁上對人齜牙咧嘴的野豬頭。入座之前，用餐的客人會先到肉品櫃點肉，指出想要的部位，再由切肉員切下拿去秤重，插上寫有顧客姓名的木牌。之後，切肉員將肉品放進後方的小門，廚師就會拿去現烤。

我是洗碗工。先用吊在天花板上的噴霧器把髒盤子噴一噴，然後把盤子排進方形塑膠箱，推下不鏽鋼水槽，進入冒著熱氣的大型洗碗機。這份工作就等於在蒸氣浴裡站八個小時，此外還要常常把垃圾袋拖到餐廳後面的垃圾車。但我做得很開心。我是個甘心吃苦的薛西佛斯——無論我洗了多少碗，穿背心、打領結的服務生還是一直從推門衝進來，把更多盤子丟進我的水槽。工作很累，我的手指都脫皮了，但是一想到大學我就忘了辛苦。

下班時，服務生會分給我一些小費，補貼我的底薪。錢雖然不多，但這份工作有個很大的福利。每次輪班之前，廚師都會先餵飽員工，我們可以選牛排、鮑魚或雞肉，廚師還會準備湯和沙拉。既能餵飽自己又能賺學費，讓我有種很成熟的感覺，而且時間也正合我意。我從下午四點工作到晚上十二點，下班時媽媽早就睡了。於是，他們給我多少班，我都願意上。

對我來說，各方面我都不再需要媽媽。

直到我發現自己的生理期來了。

我都快十五歲了，卻沒有人跟我解釋過月經是怎麼回事。不知道為什麼，我錯過了家裡和學校的性教育課，除了從朋友那裡聽說會肚子痛和頭痛之外，沒人告訴過我那個來的時候要做什麼。月經從哪裡來或為什麼會來的生理學原理，我完全不懂，但打死我也不會跟別人說。我隱約知道，月經來潮代表我成為有生育能力的女人，但我的認知也只到此為止。我需要某種女性用品，卻不太清楚有哪些種類、自己又需要哪一種。外婆年紀太大，似乎也幫不上忙。

我在客廳裡找到媽媽。她穿著三吋高的涼鞋（就是奧莉薇亞・紐頓－強在《火爆浪子》裡穿的那一雙）站在椅子上，幫她的蜘蛛蕨盆栽噴水。因為剛染了髮，頭上還戴著塑膠浴帽，一條長了黃斑的毛巾圍在脖子上。看到我，她嚇了一跳，手停在半空中。

「怎麼了？」

「我生理期好像來了。」

「什麼叫作**好像**？」

「應該沒錯。」

「有血嗎？」

我點點頭。

「嗯。」

我們站在那裡看著對方，都沒動作。

「等我一下。」她說。

媽媽小心翼翼地從椅子上下來，進入房間拿著皮包回來。她翻翻皮包，拿出一張揉成一團的五元鈔票給我。

「走去吉姆的店買妳需要的東西。」

她又站上椅子，繼續灑水。

不應該是這樣的。她應該開車載我去店裡，教我要買什麼東西，跟我說說她來潮的經驗，來一段母女的知心對話。我不知道……這種時候不是應該這樣嗎？

我覺得非常難為情，不敢自己去跟老吉姆買生理用品。他一輩子都坐在店裡唯一那台收銀機後面顧店，從我小時候就認識我。他結帳時總是慢條斯理，這樣就能探聽誰結婚、誰生小孩、哪裡有新職缺，或是把這些消息說給人聽。吉姆知道每場少棒聯盟賽的比數，還有誰上大學、誰最近死了，每次卡梅谷有新生命降臨，他還會分送雪茄給大家。他是鎮上的廣播電台，想到要跟一個還叫我「ㄚ頭」、趁外婆不注意時偷塞棒棒糖到她購物袋裡的男人買女性用品，我就不知該如何是好。

我求媽帶我去，說那樣很難為情，要是讓吉姆看到我買什麼東西，我會尷尬得**要死**。

「沒人會在意。」她揮揮手說：「去就是了。」

媽媽把唱針放上比吉斯的唱片，我看著她邊哼著〈週末夜狂熱〉邊噴水，希望她會改變主意。為什麼她就不能幫我一次？超市不遠，但我擔心等我走到那裡，血就會從牛仔褲滲出來。

「妳不能載我去嗎？」

她指指頭上的塑膠浴帽，聳聳肩，表示她正在染髮，不能出門。我把鈔票摺起來塞進口袋，走回房間，在腰上綁一件運動服。我轉開小豬撲滿，從我的大學基金取出幾張鈔票，就推開紗門走出去，狠狠甩上門。

「**妳**是怎樣？」媽媽在我身後大吼。

到了店裡，我低著頭慢慢走向放女性用品的貨架。青少年的彆扭讓我耳根通紅，我好怕有人看到我，發現我已經開始發育。我的身體已經準備好變成女人，心理上卻還慌里慌張，但這件事我只能靠自己想通。我低聲咒罵媽媽，等到走道上都沒人了，才快速把一盒衛生棉放進購物籃。我選了一個在媽媽浴室裡看過的牌子，然後很快抓起一盒穀片、一罐鮮奶和一條麵包把它埋在底下，假裝成來幫媽媽跑腿的小孩。

吉姆原本在玩字謎遊戲，我把購物籃放在他面前時，他抬起頭對我笑，像平常一樣幫我結帳，問我蜜蜂都好嗎。他自動從身後架上拿出一包媽媽抽的菸，問我她是不是快抽完了。我跟馬修常來幫她買菸，但這次我不確定我的錢夠不夠，於是搖搖頭。

「好的，」他把香菸放回去。「那就拿根棒棒糖吧。」

我回到家時，媽媽已經進了房間，關上房門。我把購物袋放在廚房的流理台上，拿出駭人的衛生棉便衝進浴室。我檢查包裝，讀過使用說明，練習兩腿夾著衛生棉走路。我「轉大人」的一刻就這樣無聲無息地過去。變成女人的我走回房間時，並不覺得有什麼不同，但經過廚房時，媽媽一臉疑惑地從購物袋拿出我買的東西。

「這些都是妳買的？」

我吞吞口水。我忘了把多買的東西放進櫃子，以免被她發現。

「我想說反正都去了，就順便買些東西回來。」我說。

我從沒買過日常用品，所以媽媽盯著我看了很久才開口。

「真體貼。」她說：「不過妳說的也沒錯，妳都大了，是應該開始分擔一些家裡的開銷。」

我覺得心灰意冷，我不該找媽媽要任何東西。現在她把我看成一個成年室友，應該共同分擔日常花用，而不是拿自己的問題去煩她。這一點我早就知道了，但每次被點醒還是會受傷。每當要她為了別人暫時放開自己的需求，她腦袋中的線路就會超載，然後當掉。

她想要保護自己的渴望，永遠不會滿足也不會改變，無論我多麼希望不是這樣。

這些話我都沒說出口，只是笑了笑，說我可以開始自己買吃的東西，那樣很好。

說完我就走回外公外婆家，在那裡，我不需要付錢才有權利存在。

我升上高三那年，外婆去高中職涯中心當義工，這樣她就可以弄到所有大學獎學金的申請表，搶在其他學生有機會申請之前，先送到我手中。

「這不是作弊，只是聰明而已。」她說：「再說，妳比那些有錢人家的小孩更需要獎學金。」

外婆把我送進大學的狂熱，卻沒有感染到媽媽。我很感謝有人幫我，但外婆的積極投入，有時讓我覺得她好像急著想把我趕出她家。她幾乎每個禮拜都會提醒我，我一定要拿到A，因為拿不到全額獎學金，我根本讀不起大學。她還送我行李箱當生日禮物。外婆挑了一些灣區的學院讓我申請，幫我改正申請文書的文法，還打電話到學校詢問申請進度。

我們的信箱開始塞滿大學手冊，但是最鍥而不捨的是米爾斯學院，一所位在奧克蘭的私立女子文理學院。我沒考慮這間，因為它聽起來很像《傲慢與偏見》裡的學校，但外婆有天宣布她已經幫我報名了校園導覽。

我們從宏偉的鑄鐵大門進入校園，沿著車道穿過一排古老的尤加利樹，經過修剪整齊的草皮，而西班牙殖民復興風格的宿舍，有著灰泥牆壁、紅瓦屋頂和陽台。校園裡還有水流潺潺的噴泉、小溪和一間很大的圖書館。我聽說還有廚師為學生準備一天三餐，甚至烤麵包。那裡感覺不像大學，像溫泉浴場。

但是讓我印象最深刻的是學生。一天之內，我遇到了小提琴手、划船手、地松鼠研究員、程式設計師，還有時裝模特兒。他們主修政治、法律、經濟分析或聲音理論之類的神祕科目。這些女生充滿自信，我想跟她們在一起，心想或許這樣就能從她們身上沾染一些自信心。離開的時候，我再也不介意米爾斯是所女子學院。它變成了我的首選。這所學校有提前申請的方案，可以馬上報名。

參觀校園之後幾個月，有天上幾何學時，校長室的工讀生拿了一張紙條給老師。正拿著粉筆上課的老師停下來，直直看著我。

「梅若蒂，請妳過來一下。」

我走去老師的桌前，打開粉紅色的便條紙，上面寫著「打電話給妳外婆」。我到校園前面的公用電話打電話。鈴響第一聲，外婆就氣喘吁吁地接起電話。

「妳上了！」她喘著氣說。

「什麼上了？」

「米爾斯寄來了錄取通知單。妳上了！」

我張開嘴，但發不出聲音。我兩腿一軟，抓住公共電話旁邊的鐵殼，穩住腳，四周的顏色模糊成一片。我聽到外婆在電話線的另一端喘著氣。這個結果對雙方都好，外婆終於可以要回自己的生活，我也可以展開新生活。

「我們成功了！」她開心地說。

接著，我想起錢的問題。一年要一萬三千美金，但私立學校的學費不在我們家的規畫之中。

「但是我們負擔不起學費。」我說。

「別擔心，妳會拿到獎助金的，我們只要出三千就行了。我跟妳外公會出一半，妳媽可以出五百，分兩次給。剩下的一千，妳要打電話跟妳爸要。」

外婆顯然已經想過這個問題。把助學金、學貸，還有家人賣蜂蜜、教書和自己洗碗賺來的錢拼拼湊湊，我終於可以去上大學了。

沿著靜悄悄、空蕩蕩的走廊走回教室時，好幾個月來，我終於可以鬆口氣。想到我有地方可以去，真令人欣喜若狂，感覺就像摘下模糊不清的眼鏡，平凡的事物突然都變美了。

我看見過去從未看過的色彩：一排排磨舊的咖啡色置物箱、學生習慣坐在上面吃午餐的扁平草皮、凹了一塊露出碎磚的灰泥牆壁。一切都是那麼的剛好。

雖然柏克萊、聖荷西和聖塔克魯茲的其他學校還沒寄通知單來，但我不想等了。米爾斯是第一所錄取我的學校，我決定就是它了，抓住丟向我的第一個救生圈。就像蜜蜂一樣，我也該出去冒險、尋找新家了。

那天下午，我去找馬修。貝斯聲砰砰價響，我用力敲門，免得他沒聽見。他把音量調低，探出頭。

「妳按了鈴？」他學《阿達一族》裡的管家路奇低聲說。

「請求入內。」

他把門整個打開，後退一步讓我進去。進了門之後，他把床上一堆ＣＤ推開，騰出地方讓我坐。我盤腿坐下來，一股腦兒說出我要說的事。

馬修把音響關掉，坐在我旁邊。

「哇。」

我以為他的反應會更興奮一點。

「就這樣？哇？」

他把手放在腿上，雙手撐著下巴。「所以這表示妳要離家了。」

我太自私了，只想著要逃離這個家，從沒想過被留下來的人會是什麼心情。長久以來，我都是媽媽和馬修之間的緩衝，幫他擋住媽媽對我們的敵意。我答應過會保護他，現在卻打破了我們之間心照不宣的承諾。

媽媽一直將自己的貧困潦倒怪罪於我，而不是馬修。也許因為我是老大，也許因為我是女生，也許因為我長得太像父親。我從來不知道她為什麼老是針對我，把弟弟丟在一邊。離婚之後，她跟我睡同一張床，貼著我尋求安慰，馬修卻被趕去睡小小的嬰兒床。那次在保齡球館，她窮追不捨的人也是我，不是馬修。即使我跟馬修都會用水用電，她也只會找我麻煩。

我內心一陣不安，擔心我一走，媽媽可能會把矛頭指向他。

「不要惹她，盡量避著她。」我說：「你不會有事的。她不會進來拖車裡面。」

「我知道。」他說。

他重新調整表情，露出微笑。「嘿，我真的以妳為榮。以後妳是不是會讀很多書、變得很聰明？」他打開小冰箱，拿出一罐葡萄汽水。

「來一罐嗎？」

我說不了。他打開汽水，咕嚕咕嚕喝了一大口，再放進水槽。

「妳知道嗎，有一次她想打我。」他說。

痛苦的感覺從我的肚子直竄太陽穴，我不由得縮起身體。「你說什麼？」我輕聲問。

我從沒看過媽媽對馬修動手，以為她會對他手下留情。

「她舉手要打我，但我抓住她的手把她按在牆上，對著她的臉，叫她以後都不要碰我，不然她會後悔。我猜她大概嚇到了，從此沒再發生過。」

馬修現在已經比媽媽高大強壯。她大概也知道自己打不過他，才會讓步。

「她為什麼對你發脾氣？」我問。

「我甚至忘了。妳也知道媽這個人，什麼事都有可能惹到她。反正原因已不重要了。」

他拿起鼓槌在牆上輕輕敲著節奏。

我祈禱過不下一千次，希望媽媽有不管我們的充分理由。我甚至希望她有什麼癮頭，這樣發生什麼事還可以怪罪，排除那是她的選擇的可能性。但是她不喝酒，不賭博，不碰毒品，不熬夜，不會把我們丟給陌生人照顧，也不帶男人回家。她不曾進過收容機構或是無家可歸。她不是宗教狂也不是工作狂。以上這些可能奪走一個母親、毀了小孩的事，全都與她無關。

我們的媽媽不是那樣的人。

「你為什麼沒告訴我？」

馬修暫停打鼓片刻

「沒什麼大不了的。」

對我來說卻極為重要。那打破了我們家心照不宣的規則。不該讓馬修受到媽媽的情緒波及，但我沒把他保護好。他救過我一次，我卻沒在他需要我的時候保護他，現在甚至要拋下他。

我想讓氣氛開心一點，就說奧克蘭離這裡才幾個小時的車程，而且暑假和節日我都會回家。

「那你呢？」我問，耳中響起外公對我說過的話。我可以想像外公帶馬修去大蘇爾的時候，也跟他談過未來的事。

「可以考駕照之後，我就要走了。」他舉起手劃過想像的軌道。

「去哪裡？」

「可能去加州理工大學吧。」他說。

馬修不像我，他早就知道自己想讀什麼科系：雙修音樂科技跟圖文傳播。

「拿另一片ＣＤ給我。」他用鼓槌指指一堆ＣＤ盒。

我翻了翻，拿出一張「險峻海峽」合唱團給他。「你覺得她是怎麼了？」

CD播放器伸出來，接收了CD又縮回去。馬修頓了頓，手指停在播放鍵上。

「梅若蒂，妳是認真的嗎？這個問題，永遠不會有答案。」

也許他說的對。但我必須在永遠離開她之前再問最後一次。

我們的關係難以補救，但是過了這麼久，我實在無法就這樣離開她，而不去尋找答案。

我不要一輩子都想不通我們為什麼永遠找不到愛對方的方法。我必須知道我的家人在隱瞞什麼。

15 媽媽原本可能的模樣

一九八七年

諷刺的是，她丟掉的正是能夠拯救她的東西。如果她願意，我跟馬修原本可以是她的救贖。

有天下午我走進廚房時，媽媽正看著在微波爐裡旋轉加熱的丹麥麵包。她又開始整天穿著睡衣。我聽見她房間裡傳來電視重播《我愛露西》的聲音。

微波爐叮一聲。她把手伸進去，痛得大叫一聲，熱騰騰的麵包掉到地上。她衝去流理台用水龍頭沖水，嘴裡連聲咒罵。

「媽！」

「反正我在減肥，也不該吃那個。」她說。

我把一些冰塊放進毛巾裡遞給她。

「謝了。」她拿冰塊敷著指頭。

「很痛嗎？」

「痛死了。」她說。

我用紙巾把麵包撿起來，再把另一張紙巾弄濕，擦掉亞麻地板上的油漬。

「妳是個好孩子。」她說。

我看得出來她心裡有事。她要看的節目就要開始了，她卻在廚房裡徘徊不去，似乎想跟我說什麼。上大學前的幾個禮拜，我們謹慎地避開對方，不太知道要怎麼客氣地結束兩人的關係。我們都知道，再過不久，除了敷衍了事的聖誕卡和生日快樂電話之外，再也沒有任何外在的理由能把我們綁在一起。

媽媽給自己倒了一杯聞起來像薑餅的咖啡，靠在流理台啜飲，兩根燙傷的手指翹起來。她說話時看著天花板。

「我知道我不是好媽媽……」

這是在示好嗎？媽媽終於想要講和了嗎？她把玩著外婆送她的紫水晶戒指，我屏住呼吸，等著她往下說。她舀了更多糖加進咖啡裡，然後轉頭面向我。

「我要說的是，妳知道我已經盡力了，至少妳沒有餓肚子。」

沒錯，她讓我不至於餓死，這點我無話可說。但是現在我要離家了，我心裡想的是我們從來沒有過的母女互動，甚至好奇她會不會也是這麼想的。母女一起出遊、她來看我參加跳水比賽，或是一起坐在家裡閒聊，那會是什麼樣的感覺？

「總之我要說的是，好險妳沒讓自己垮掉。」她說，聲音變得雀躍。「妳表現得很好。」

她把我們兩方的話都說完了，包括她想說的話和她希望我回答的話。我的工作就是靜靜聽她說、附和她，用她的認知取代我的認知，讓她好過一點。但我內心在淌血。這不是和解；媽媽想要不費吹灰之力地讓我原諒她。

「妳以為妳的童年很難熬，我的才叫爛透了。」

我豎起耳朵，因為她心裡的祕密保險箱終於打開了一點。這些年，她提過幾次她悲慘的童年，但每次她都迴避我的問題，說那些都過去了，沒必要再提起。我從沒忘記我們去找她生父那次，離去時她氣到全身發抖，情緒過了好幾個禮拜才平復。她從沒告訴過我，那時候她為什麼那麼氣她生父。如今或許因為我們就要分開了，她終於能說出口。我不喝咖啡，但我也給自己倒了一杯，坐下來準備聽她說。

「告訴我妳小時候的事。」我輕聲說。

她望著窗外外婆家的方向。

「我爸對我很壞很壞。」

她放低聲音，像在說悄悄話，彷彿接下來要說的事讓她感到羞愧。她抱著雙臂，抓住肩膀，不自覺地護住自己。

「怎麼樣壞？」我問。

「妳能想到的各種方式。」

媽媽在我旁邊坐下，用發抖的手從小塑膠盤拿了一顆尼古丁口嚼錠放進嘴裡。我弟把雜誌上長癌的發黑肺臟貼在冰箱上，勸她戒菸，看來發揮了效用。她嚼了一下就皺起眉頭，對味道不以為然。

「媽，告訴我妳小時候發生了什麼事。」

她深吸一口氣，然後脫口而出。

「我爸以前有一根又長又細的樹枝，他說那是他的『藤條』，就放在壁爐架上我看得到的地方。」她說。

第一次挨打應該是她三、四歲的時候。有時他會用手打，但他更喜歡用藤條。

我縮起身體，想像一個人手握著鞭子騎在馬背上。接著，我想像一個大人用同樣的鞭子鞭打一個學齡前兒童。我看見他的手慢動作舉起，聽到鞭子咻咻劃過空氣的聲音，還有小孩淒厲的尖叫聲。媽一定是誇大了，怎麼可能這麼小就挨打。我問她是不是記錯了。

「我很確定。」她說：「他逼我到外面選一根樹枝。我記得我穿著一雙紅色靴子。」

我激動得滿臉通紅。但我無法回到過去，阻止已經發生的事；我無法保護她，不受到後來進一步的傷害。

「天啊。」

她說的話非常驚人，聽起來卻似曾相識。感覺上，我好像早就知道媽媽童年受虐，只是從來沒有真正相信這件事。因為太過悽慘，不知道還比較輕鬆。但我發現了一些線索。比如我們唯一去找過她生父的那一次，她幾乎無法跟生父待在同一個房間裡。又譬如，外婆痛恨前夫到不想提起他的名字，只稱「那個誰」。而我第一次見到這個「外公」，心裡就有種快挨罵的不安感覺。我只知道在家不能提起這個人，那是我們家深埋在地底的祕密。但不去管它就是不管媽媽，還有她心裡留下的傷痕。

「他多常打妳？」

媽哼了一聲。

「幾個禮拜？不知道，太常了，原因我都不記得了。」

媽媽淡淡地說出這些話，像在敘述別人的生活或是她剛看過的小說。想到一個大男人把一個小孩打到再也無法享有天真無邪的童年，我不禁淚水盈眶。但最讓我心痛的是她說這些事的輕鬆語氣，好像那是家常便飯，不值一提。時間減輕了她的憤怒，甚至讓她把暴力對待當作自己的命運。但還是小女孩的時候，她怎麼會知道自己根本沒做錯事？一個小孩要如何理解大人的憤怒？

我問媽媽她生父為什麼要發那麼大的脾氣。

「沒有理由。」媽媽說。

她說她受到處罰不是因為她做了什麼事；她生父打她，只因為看她不順眼。

「我自己的爸爸鄙視我。」她說。他說她胖，說她笨，只因為她醜或動作慢吞吞而打她。

「然後妳相信他的話……」

「我只是個小孩。」她說。

「但妳現在不這麼想了吧？」

媽媽別過頭，沒回答。

他訓練她討厭自己，剝奪她愛人的能力。媽媽當然不是個稱職的母親，她對我們從來沒有展現過無條件的愛。好多事漸漸變得清晰。媽媽老是在跟體重奮戰，極度缺乏安全感；常常酸我很會交朋友、上高中有多開心；離婚對她來說，就像夢幻玻璃鞋被砸成碎片。現在我瞭解她為什麼要逃避處處讓她覺得受騙上當的生活了。她太習慣當受害者，被擊倒過太多次，最後乾脆放棄比較安全。

她記得她生父曾經因為她擦桌子動作太慢而拿皮帶抽她。挨完打之後，她還得回去收盤子，但因為太緊張，手一滑，不小心打破了陶瓷糖罐。

「後來我因為把糖撒出來又挨打。」

我忍不住哽咽。媽媽說著一件又一件事蹟，像在派對上聊天。她要的不是我的同情或原諒，而是更簡單的東西。她要的是理解。

五歲那年，她想到了一個逃脫方法。他們家前院有棵橡樹，長長的枝幹垂到地上。有一天，媽媽打量著那棵樹，心想如果從地上開始助跑，說不定可以跳上其中一根長枝幹，躲到樹冠裡。她趁父親去上班時偷偷練習，跑跑摔摔了好幾次，最後終於跳上枝幹。我想像著一個勇敢的小女孩，像《梅崗城故事》裡的絲考特，穿著連身褲、光著腳丫往前跑，頭髮亂蓬蓬，身上傷痕累累，終於成功爬上樹。

「所以妳曾經需要躲到樹上？」

媽咯咯笑。

「常常啊。第一次躲上去時，他氣到臉色發紫。我讓他刮目相看！」

媽媽笑出聲，回味小時候難得一次贏過父親的小小喜悅。我跟著她一起笑，卻是硬擠出來的。這些年來，我都不知道她吃了這些苦。要是知道，我面對她也許會多一點耐心。要是我的家人願意把過去攤開來談，或許媽媽就會痊癒。我們卻保持沉默，家暴也就這樣一代傳過一代。她的故事像蜘蛛網纏住我們，我們被困在祕密之中逃不出去。

我很快想了想。媽媽打我，她父親打她，所以一定也有人打他。我問媽媽知不知道她生父有什麼樣的童年。她說她只知道他母親在他小學時遺棄了他，帶走他妹妹，他只得跟不時對他拳腳相向的酒鬼父親相依為命。

媽媽上了國、高中還是繼續挨打，直到父母離婚才停止，不久她就離家上大學了。

「他走的那天是我人生中最快樂的一天。」

我過了一會兒才瞭解，她生父不只是打她幾次而已，是毀了她的**整個**童年。

「這段期間，外婆都到哪裡去了？」我小聲地問。

媽媽皺起眉頭。

「這些她都知道，但沒說什麼。我遮住身上的瘀青，什麼都沒說。有一次我問她，爸爸為什麼對我那麼凶，她說他不是壞人，只是累了。」

我不知道哪件事比較糟。是媽媽遭受的家暴，還是外婆說服媽媽一切沒事，對媽媽造成的心理折磨。

「外婆從來沒有為妳挺身而出？」

「她自己也挨打，她很怕我爸。」

我問媽媽她怎麼能夠原諒外婆。

「她是我媽，是我唯一的依靠。」

她的答案是那麼簡單，又那麼深奧。沒錯，我們只有一個媽媽，但我們只能夠原諒她嗎？一個母親什麼時候才會為孩子挺身而出？我告訴媽，我不確定我要是她會怎麼做。

媽媽說那時候跟現在不同，沒有兒童保護之類的服務。有一次，她爸爸用鍋鏟打她，割破了她的拇指。外婆帶她去看醫生，把事發經過告訴醫生。醫生點點頭，心裡有數，但是幫媽媽縫合傷口之後，就讓她們回家了。

奇怪的是，暴力反而讓媽媽跟外婆在生活上更加緊密。媽媽說，她們是同一場戰爭的倖存者，最後都原諒對方在戰爭最慘烈時所做的錯誤決定。

「外婆自己也努力要撐過去。」媽說：「現在她對我做的補償也夠了。妳應該感激她才對。要不是她，我們都會流落街頭。」

現在我知道外婆為什麼收留媽媽，甚至縱容她了。她想利用第二次當母親的機會洗清自己的罪惡感。她們都為了填補彼此內心的傷口而過分補償對方，就像兩個破碎的人合成一個完整的人。如今她們在情感上已經不可分割了。我一直以為是媽媽沒有能力離開母親的羽翼，現在我明白原來外婆也需要她留下來。

「無論如何，我還是希望外婆為妳挺身而出。」

「媽雖然在家，卻又好像**不在**。」她說。

我自己的聲音在房間裡迴盪，嘲笑著我。一模一樣的話，我也說過無數次。突然間，我跟媽媽有了共同點，那一瞬間我們有了連結。我們有著同樣的痛苦，或許那會是我們互相瞭解的起點。

我希望分開住對媽、對我都好。我們再也不會讓對方失望了。也許，她可以變回那個我跟馬修害她無法成為的人（她一直這麼認為）。也許，我們還有希望。

如果有適當的時機可以承認我們兩個都希望結果不一樣，那就是現在了。我想告訴她，我還是希望有一天我們可以愛對方。但這些年來，我一直防著她，想說的話變得太過天真老套。此外，我也害怕說出口卻還是落空。

我舉起手搭住媽媽的肩膀一按。

「對。」

「什麼對？」

「妳已經盡力了。」

媽媽吸吸鼻子，用毛巾擦擦眼睛。

「別跟我犯一樣的錯。去上大學，找份工作，等到不需要男人養妳時再結婚。」

我說好。

「哦，我差點忘了。」她說，又把一塊麵包放進微波爐。「我打包了一些妳不要的東西。妳要不要看看哪些妳想帶去學校。妳不要的，我就送去回收站。」

我在箱子裡找到我高中的校隊夾克，上面縫了跳水、草地曲棍球和壘球隊的徽章。我摸了摸繡有我名字的紅色毛氈布。箱裡還有我的高中畢業紀念冊、我最喜歡的被子，以及我的棒球手套和釘鞋。這些在大學當然用不到，但都是我捨不得送給陌生人的紀念品。

我在箱子底部摸到一本布皮封面的書。我一驚，馬上認出那是我粉紅色的寶寶手冊。小時候我認真翻過裡面的照片，想記住被遺忘的家人。上二年級的時候，每一頁我都背得滾瓜爛熟。

我的心瞬間涼掉。媽媽不只要清掉我的東西，還要清除我的所有痕跡。一般人不會把寶寶手冊像丟舊外套一樣丟進回收堆，那反而是家裡失火時會想救出來的東西，因為那是一家人無法取代的珍貴記錄。上面的照片和記憶，是我跟媽媽一開始還很幸福的唯一證據。我瞭解媽媽想忘掉過去，但為什麼她不能把小孩跟離婚兩件事分開？她好像一直期待我快去上大學，這樣就能夠擺脫那些不斷提醒她自己的人生有多失敗的人事物。諷刺的是，她丟掉的正是能夠拯救她的東西。如果她願意，我跟馬修原本可以是她的救贖。

我打開封面，裡頭是媽媽原本可能的模樣。帶著新手媽媽的興奮喜悅，她仔細記下我五歲前達到的每個里程碑。她寫下我第一次用杯子喝水、第一次微笑、踏出第一步的日期。除了這四年的生日照片，還記錄了前幾次出遊的細節——我坐在嬰兒車裡、往波士頓的車上、一歲時坐飛機去找外公外婆。媽媽還寫下我在YMCA游泳課表現很好，喜歡上學。她把我第一次用歪歪斜斜的大字寫下自己名字的那張紙貼起來，用好多驚嘆號表達我的進度超過了同齡小孩。她寫下我學會的每個新字，還記錄我說的第一句話：媽咪在哪裡？

翻頁時，我看見一個印上封蠟的信封。裡頭是一束我的嬰兒頭髮，棕色、很光滑，比我現在的髮色（幾近黑色）淡很多。想到陌生人在回收站翻我的寶寶手冊，打開信封摸我的頭髮，我渾身一顫。媽媽把我的一小片身體丟了。有誰會想買陌生人的寶寶手冊？

我走回客廳，把寶寶手冊塞進書架，希望她不會發現。要守護自己的寶寶手冊讓我覺得很怪，把它帶去大學宿舍感覺更荒謬。我希望媽媽像正常的媽媽留著它，即使我得耍些手段讓她把它留下。

我闔上箱子，把它搬到外面。箱子我可以存放在外婆家，就可以免於被回收的命運。等我長大一點，甚至等我有自己的小孩之後，我想讓他們看我的畢業紀念冊，或是把棒球手套送給他們，教他們丟球。但我把寶寶手冊留了下來，堅持不肯讓步。一來我希望她留著，二來我想試探她到底會不會留。

我在車道上看到馬修。他彎著身在檢查一輛紫紅色福斯車的引擎。馬修現在也在威爾法戈的餐廳打工，已經存夠錢買車，還自己學會換油跟保養引擎，而且拿到了駕駛許可。

看到我經過，馬修對我揮揮手。

「箱子裡面是什麼？」他問。

我放下箱子，走過去看他在幹嘛。

「妳知道她想把我的寶寶手冊還給我嗎？」我說。

馬修放下引擎蓋，碰一聲關上。

「跟我來。」他拿著油油的抹布往他的拖車方向揮。

進了車子，他從水槽上的壁櫥拿出他那本淡藍色的寶寶手冊丟給我。

「她也把我的還我了。」

馬修開始哈哈大笑，後來我也跟著笑。笑聲從我們體內源源流出，我們笑到飆淚還肚子痛。我彎下腰想停，反而笑得更大聲。我們兩個抱著肚子倒在床上，想叫對方停下來都沒用。跟世界上唯一懂你笑話的人一起盡情大笑，有種神奇的宣洩效果。我們兩個都被媽媽「退貨」了，所以根本不需要覺得是自己的錯。

終於笑完之後，我打開馬修的寶寶手冊。他的跟我的一樣大本，卻寫不到一半。馬修是爸媽離婚前一年半出生的，必須跟一個日漸破碎的婚姻搶奪注意力。上面只有冷冰冰的數字和必填的記錄，兩年前的驚嘆號和巨細靡遺已不復見。身高、體重、出生年月日，沒有第一次帶馬修出去玩的旅遊日誌。我學會的新字，媽媽寫了一整頁，馬修的手冊卻只列出幾個，寫了兩頁就一片空白。

我把手冊還給他，他放回壁櫥。

「很抱歉，但妳沒那麼特別。」他說。

就在這時候，我們聽到蜂蜜巴士轟隆隆醒過來的聲音。因為雨水回來了，河水高漲，滋潤了野花，爺爺今年夏天的蜂蜜大豐收。

「我會很想念那個聲音。」我說。從拖車的車門口，我看見外公就在巴士裡頭。他正要把蜂蜜儲存桶上的濾網拿起來。好多巢框排隊等著搖蜜，幾乎沒有空間讓他做事。

「我們應該去幫忙。」馬修說。

我們從後車門走上去時，外公正站在牛奶箱上往桶子裡看。引擎聲很大，他沒聽到我們進門的聲音，所以看見我們時他嚇了一跳。他跳下來，關掉機器。

「桶子滿了。」他說，舔舔手指上的蜂蜜。「你們來得正好，可以幫我裝罐。得先空出一些地方，才能再搖蜜。」

馬修從外公旁邊鑽過去，坐在儲存桶前的牛奶箱上，開始把蜂蜜裝罐。外公側身走到他旁邊，掀起一旁另一個桶子的出蜜口蓋。我坐到放著一箱箱玻璃罐的駕駛座旁，把空罐子遞給他們，再把他們裝滿的罐子接過來。我扭緊蓋子，把裝好的蜂蜜罐疊放在水槽的三合板上。陽光射進窗戶，照亮了蜂蜜，在每個角落打下琥珀色的光點，讓我想起教堂的彩繪玻璃。

我們三人像是跳芭蕾舞般一起勞動，蜂蜜從一手傳過一手，馬修跟外公的動作都很熟練。他們拿裝好的蜂蜜跟我換空罐子，及時在蜂蜜滴下去之前，飛快地將罐子移到出蜜口底下接住。

我想，**這**會是我最想念的東西：感覺置身在屬於自己的地方。

「你們知道嗎，」外公打破沉默，「我娶你們外婆的時候已經四十歲了。」

他清清喉嚨，我們等著他接下去說。

「所以……我從沒想過自己會有小孩。」

我正要把外公的蜂蜜標籤放在濕海綿上按一按再貼上罐子。聽到這句話，我抬起頭，只見外公蓋上出蜜口，起身張開雙臂把我們拉向他。他的聲音愈來愈低。

「然後你們兩個出現了，我很幸運。」

一股喜悅從我體內湧出，滲入身上的每個毛細孔。我確實擁有屬於自己的蜂巢，就在這裡，外公的蜂蜜巴士上。

「我每年夏天都會回家幫忙採蜜。」我說。

「好孩子。」外公說，把另一罐裝好的蜂蜜拿給我。

馬修抬起頭。

「等我考過路考，也許就可以開車去找妳。」他說：「我們可以一起去舊金山聽演唱會之類的。」

「匆促合唱團？」我提議。

「什麼匆促？」外公問。

馬修在跟外公解釋他最愛的搖滾樂團有多厲害時，我伸手蘸了一點蜂蜜放進嘴巴。我嘗到了野生鼠尾草、大海的鹽味、熱吐司的堅果味，最後是一絲類似椰子的淡淡甜味。那味道不只在我的舌頭上，也在我的體內——就在我的記憶我的內心裡，跟我自己的聲音一樣熟悉。

我可以像媽媽一樣，繼續用自己欠缺的一切來定義我的人生，也可以因為自己奇蹟般獲得了拯救而心懷感激。外公和他的蜜蜂指引我度過失去父母的童年，給了我安全的避風港，也教我怎麼成為一個好人。他讓我知道蜜蜂有多忠誠、多勇敢，怎麼團結合作，努力存活下來，這些都是我獨力生活時不可或缺的力量。外公用他含蓄而隱微的方式教我，家人就是我身邊最豐沛的資源。

外公看見我在偷吃蜂蜜。

「妳可以放多少進去行李箱？」他問。

「全部！」我開玩笑地說。

雖然我就要離開外公身邊了，他的蜜蜂永遠會在我身旁嗡嗡飛，像隱形的力場，溫柔地引導我走上正確的方向。

牠們一直都保護著我，以後也是。外公的蜜蜂課永遠不會結束。

後記 無所不在，也從未消失

二〇一五年

藉由保護這些蜜蜂，我實現了對外公的承諾，也報答了在我最需要的時候保護我的小生物。

養蜂圈有個古老的傳說。據說養蜂人死去時，蜜蜂會為之哀悼。這時要有人去告訴蜜蜂，照顧牠們的人走了，不然牠們會無精打采，失去採蜜的意願。察覺到秩序亂掉會讓蜜蜂沮喪不已，甚至乾脆放棄。這時候，養蜂人的家屬應該在蜂巢上蓋一塊黑布，把這個消息唱給蜜蜂聽，請求牠們接受新的養蜂人。

二〇一五年的某天下午，外公要我替他照顧他的蜜蜂。他在過世前的一個月，向我提出了這個要求。

他一定是感覺到自己的時間不多了。當時我們坐在外公外婆家的後陽台上，看著他剩下的最後一群蜜蜂，在院子一角曬到發白的廢棄蜂箱堆裡飛進飛出。他已經八十九歲，再也沒有體力養蜂，但一直有蜂群飛到他棄置不用的設備裡。他不再去檢查蜜蜂，但每天下午都會坐在陽台上，在逐漸微弱的光線下看覓食蜂飛回家。

因為帕金森氏症的關係，他指出蜜蜂的飛行路線時，手不由自主地發抖。這些蜜蜂是從南邊飛來的，來自鄰居門廊邊的一叢常春藤。外公說牠們暴躁易怒，大概是俄羅斯種，而且很壯，不用他幫忙也能撐過冬天。

「妳會幫我照顧牠們？」他問。

「當然會。」我說，按住他顫抖的手。

我一定也感覺到了外公的轉變，因為這幾年我更常想辦法回來看他。我今年四十五歲，最近開始在舊金山自己養蜂。走過了漫漫長路，我終於回到外公身邊。

大學畢業後，我把全副精力都投入新聞事業，忙著追逐新聞、跳槽不同的報社，很少回家看外公和蜜蜂。我待過灣區的六家報社，最後終於進入《舊金山紀事報》工作。我喜歡辦公桌上此起彼落的電話聲，還有讓人措手不及的震撼消息，我的後車廂永遠放著裝了衣服、牙刷和地圖的「旅行包」，隨時準備前往異地採訪，一心一意追求不斷變動、永遠在趕稿的人生。

但是，外公的身體日漸衰弱之後，我的人生優先順序就改變了。我不再到處跑來跑去，週末都陪著他一起觀察蜜蜂。每次我去看他，他會送我一樣他的養蜂工具。於是，我接收了他的面網、破舊的一九一七年版《養蜂百科》，還有他用來在巢框上穿鐵絲的紅木工具。

二〇一一年，外公清掉了大部分的設備，無奈地宣布退休。養蜂養了七十年，離開蜜蜂讓他心碎，蜜蜂一定也感受到主人不見了。

幸好有個方法可以讓我把蜜蜂帶回外公身邊。同一年，我跟一名編輯在《舊金山紀事報》大樓屋頂放了兩個蜂箱，並說服我們的上司，這個獨特的方法既能夠報導讓蜜蜂逐漸消失的傳染病，也能試試看在都市養蜂會不會成功。

新蜜蜂飛來時，我感覺到牠們翅膀的震動從我的手掌傳到心臟，忍不住哭了。我已經二十四年沒抓過蜜蜂，牠們的氣味、聲音和習性仍然如此熟悉，如此**觸動**我的內心，我都忘了那種受到保護的感覺。隔了這麼多年，同樣的感覺將我淹沒。同事一定覺得我為了昆蟲落淚很怪，但我要如何解釋這些小生物跟我之間的奇妙連結？

重拾養蜂工作之後，我發現自己對蜜蜂的知識仍停留在小時候，必須借助外公幫我惡補蜂群營養、害蟲管理的專業知識，尤其是防止蜂群分封，因為我們的蜂箱位在市區最繁忙的十字路口上，到處是公車站、停車場、酒吧和餐廳。當外公建議我把蜂箱放在屋頂的哪個地方，或解釋怎麼把糖粉撒在蜜蜂身上來對抗寄生蟎時，我聽到他的聲音中多了一股新的活力。我們又成了好搭檔。四年來在他的指導下，我從一個笨手笨腳的新手變成還算有模有樣的養蜂人。

二〇一五年他開口要我幫他照顧蜜蜂，成了我們最後的對話之一。在那之後不久，他跌倒摔斷了髖骨。醫生說他年紀太大，無法動手術，五天後外公就走了。

我信守對他的承諾，把他的最後一個蜂巢帶回家。

移動蜂箱要趁晚上所有蜜蜂都擠在蜂巢裡時進行，不然牠們會迷失在野地裡。破曉前，我走到外公的最後一個蜂箱前。我手邊沒有黑布，便從後車廂抓了一條深藍色的狗狗毛巾蓋在蜂箱上。接著，我努力想一首歌。早知道應該先想好的，因為依照莫非定律，每當你要回想某首歌，就偏偏想不起來。於是，我在蜂箱旁邊跪下來，把手放在毛巾上，準備直接向蜜蜂說出這個消息。

我的左手邊是以前蜂蜜巴士所在的地方，現在已經空蕩蕩。有個親戚把它拆成廢鐵，院子裡少了巴士，顯得冷冷清清。看到它原本所在的地方變得荒涼一片，我覺得心很痛，馬上別過頭。我清了幾次喉嚨，鼓起勇氣對蜜蜂宣布這個噩耗。

「他走了。」

我等著……等著什麼，我也不知道——某個聲響或某種牠們知道了的表示。我一直蹲在原地，在清晨的寂靜中傾聽某種暗示。附近某處有輛車子發動。胡桃樹的葉子迎風沙沙作響。生命繼續，一如往常。

我掀起蜂箱上的毛巾，還是沒有蜜蜂飛出來。或許，蜜蜂早就不在裡面，已經全部死光或移居到更好的地方。或許，我跟外公喜歡在午後觀察的那些來來去去的蜜蜂，只是來偷被丟棄的蜂蜜或可用來蓋蜂巢的蜂蠟而已。說不定這只是個空殼。

我打開蓋子，拿手電筒去照。裡面有四個已經腐爛的巢框，蜂巢放太久已經發黑，上面布滿蠟蛾結的白網。螞蟻橫衝直撞，從蜂巢留下的爪印和老鼠屎看來，有隻老鼠曾經以這裡為家。

但是底下還是有零星的生命。大約有一千隻蜜蜂，是郵購新手養蜂組會拿到的蜜蜂數量的五分之一。可憐的蜜蜂奮力要存活下來，不肯放棄這一小片已經腐爛的蜂巢。牠們明顯非常焦慮，像神風特攻隊一樣不要命地撲向我的面網，我從沒看過蜂群這麼憤怒，那個模樣教人心疼。

我靠得更近，蜜蜂像雨滴般射向我的面網。

「別緊張，噓，沒事的。」

我輕輕拿出一個巢框，蜂群簡直在尖叫。牠們嚇壞了，我很確定，因為從來沒有人入侵過牠們的家園。我在六角巢室裡看見了奇蹟：白色的卵。牠們有蜂后了。只要多加照顧和飼育，這個蜂群就有可能起死回生。我拿出第二個快要散掉的巢框，小心翻轉查看兩面，最後終於找到了牠：一隻全黑的蜂后。牠是我看過最惹人注目的女家長。腹部沒有一般蜜蜂的條紋，每個部位都是黑的，胸部有條直線，周圍是一圈黃色細毛。

我把三片逐漸腐爛的巢框放進我帶來的新蜂箱，舊的放中間，夾在兩片新的蜂蠟巢框之間，這樣蜂群就有乾淨的地方放蜂蜜，蜂后也有更多地方產卵。我用捆帶綁住蓋子，用膠帶封住蜂巢入口的網眼，免得蜜蜂在半途飛出去。

外公希望我們把他的骨灰撒向大海。我在他放襪子的抽屜底下發現了一張發黃的紙，上面打字記錄了他的遺願。我從外公家開車到大蘇爾的葛萊姆斯牧場跟馬修會合，外公的表妹歌后會到那裡幫我們開牛欄的柵門，讓我們走到俯瞰太平洋的牧場。我跟弟弟靜靜走過正在吃草的海弗牛群，欣賞牠們深紅色的皮毛和白色的臉，同時避免跟公牛對到眼。黎明的陽光照亮了岩石崎嶇的海岸線。我們走向懸崖，只見海鷗迎著狂風展翅高飛。我放下一個皮革把手的木頭工具箱，那是外公自己做的。裡頭是從殯儀館帶回來的骨灰袋。

我們站在二十呎高的峭壁上，帕羅科羅拉多溪的一條小支流就在這裡流入了大海。海浪撲向海岸，撞上海岬化為千萬碎片，穿過海浪切割出的孔洞水花四射。海洋彷彿搖晃過的汽水嘶嘶作響，激烈到連斑海豹都受不了，團團擠在海面上少數幾塊岩石上，等海洋發完脾氣。

我打開工具箱，解開裡頭的骨灰袋，將骨灰倒進兩只外公會用的空蜂蜜罐。馬修輕聲一嘆，我搭著他的肩膀緊緊靠著他，甚至感覺得到兩個人心跳的不同節奏。當下只有我們兩個人。兩口之家。我想讓他深深地感受到，我永遠不會離開他。風拍打著我們的衣服，大海在呼嘯。我湊近他的耳邊。

「我**非常**愛你。」

他吸吸鼻子，沒答腔。我稍微鬆開手，好看著他的眼睛，但他低頭盯著地上。我又試了一次。

「你知道的，對吧？」

馬修注視我片刻，然後又轉頭凝視地面。他點點頭表示他聽到了，不想理我令人尷尬的真情流露。他不愛這一套。

「好吧，數到三嗎？」他問。

我們一起把罐子裡的骨灰撒出去。風把外公的骨灰捲到海面上，骨灰有如流星在空中飄浮片刻，就消失在泡沫中。

我突然想起小時候在蜂蜜巴士上跟外公的一段對話。我問他相不相信人死後會上天堂。「那是胡扯。人死後會回歸大地，變回塵土。」他說。發現大人都在騙我，我有點驚訝；原來根本沒有軟綿綿的雲朵和彈豎琴的天使。此刻，看見他的安息之地是如此美麗，我很感激他始終對我很坦白。我在心中默默感謝他一直沒把我當小孩，對我說出真正的答案。

外公回到了祖先的身邊。如今，他是起伏的山脈和洶湧的大海的一部分了。他是我們腳下的草地、草地裡的野花、埋在地下的箭簇，還有從上面飛過的每一隻蜜蜂。他是迎風搖曳的野生墨西哥鼠尾草的氣味，他是漂浮在海上的海獺寶寶發出的尖銳叫聲——每次海獺媽媽潛進水裡找食物，海獺寶寶就會出聲叫媽媽。外公無所不在，所以這麼說來，他也從未消失。

我跟馬修等著海獺媽媽浮出水面，確定牠沒丟下寶寶，才靜靜走回車上。

我喜歡這麼想：外公用自己想要的方式跟世界道別。就像生病的蜜蜂會離開蜂巢孤單地死去，免得影響蜂群的健康。我相信他不想成為家人的負擔，於是選擇離開，最後一次為心愛的人犧牲自己。幸好外婆沒有太過傷心，失智為她減輕了打擊。她一直忘了老伴已經走了。

十個月後，外婆在睡夢中過世。

外婆過世後，媽媽的健康快速惡化。不到一年，她就住進了療養院，方便臨終醫療護士監控她的成人糖尿病，並用氧氣管舒緩她長期的呼吸問題。每次我跟馬修去看她，她好像都縮小了一點。當醫生在二〇一七年秋天宣布她**來日不多**時，媽媽平靜地接受了這個無可避免的結果。她說反正這七十三年來，人生從來沒有善待過她。

一直到最後，我還是不知道她在想什麼，會不會害怕或後悔，是愛我還是討厭我。她最後一次打電話給我，還是老樣子，沒什麼改變。

「我就快死了，」她劈頭就說：「而我們的關係一直不好。我想知道妳可以跟我說些什麼，讓我好過一點。」

我想她以她自己的方式在表達她希望改善這一切，只是想要由別人代勞。

「媽，不用擔心我們。」我說：「我們都沒事。」

「妳說真的？」

「對。妳好好休養就是了。」

我想我是真心的。失去一個我一輩子都希望自己可以愛的人，那種感覺五味雜陳，很難說分明。那會是什麼樣的哀悼？無論如何，我都不想再打擊已經傷痕累累的媽媽。

「我想念妳外婆。」她說。

「我知道，媽，我知道。」

我最後一次見到媽媽，是她過世前的兩個禮拜。她打了嗎啡昏昏沉沉，我跟馬修站在床邊，不確定她知不知道我們在那裡。突然間她張開眼睛，鷹爪般猛力抓住我的手。

「我很高興你們在這裡。」她喃喃說了一句就又睡著，放開我的手。

我也很高興，高興她在臨終時知道兒女都來看她了。這樣她或許可以感受到一點點愛，即使太過微弱，有時很難發現。我們終究都是群居昆蟲，不一起茁壯，就只能孤單死去。

當外公要我幫他照顧蜜蜂時，他指的不只是他最後的蜂群。他其實是要我答應他好好照顧蜜蜂，照顧大自然，照顧世界萬物。總而言之，他要我用養蜂人的眼睛去看萬物，溫柔對待我遇到的生命，即使是會叮我的小蟲。

我將外公最後的蜂巢重新安置在舊金山某個風景如畫的社區花園裡。這一區，粉色系的維多利亞建築林立，街道以州來命名，空氣中飄散著海錨啤酒廠的酵母味。

那是蜜蜂的天堂。一片梯田式的都市農場，位在住宅區一條死巷的盡頭。上了鎖的柵門後面有二十四塊土地和一片架高的養蜂場，這樣農夫就不太會注意在頭上飛的蜜蜂。蜂箱可以整個照到太陽，隔壁建築牆壁散發的熱氣，既能提供足夠的溫暖也能防風。這裡的蜜蜂只要飛出蜂巢，直接降落在底下農夫種的蔬菜、柑橘樹、薰衣草，還有某個釀酒師的啤酒花上就可以了。我想外公也會欣然同意。

如今，每次我打開蜂箱、採收蜂蜜，或是聽到蜜蜂逐漸消失的末日新聞，我都會想到外公。藉由保護這些蜜蜂，我實現了對外公的承諾，也報答了在我最需要的時候保護我的小生物。

有天早上，附近一家雙語學校的學生來養蜂場參觀。小朋友穿著亮黃色的防護背心，手牽手用英文和西班牙文吱吱喳喳討論蜜蜂。他們在蘋果樹蔭下圍繞著我，老師讓他們安靜下來之後，我蹲下來告訴他們一個故事。

「跟你們差不多大的時候，我家養了很多蜜蜂。」我說：「蜜蜂是很特別的一種生物。有誰可以告訴我為什麼嗎？」

「因為牠們會做蜂蜜！」穿著海綿寶寶上衣的小男生大聲說。

「沒錯！還有什麼？」

一陣沉默。小朋友你看我、我看你，尋找著答案。

「牠們會飛？」有個綁辮子、戴七彩髮夾的小女生說。

「牠們會叮人！」另一個小朋友尖聲說，還伸手去牽老師的手。

眼看場面又要失控，我站起來讓他們看我身上的防蜂衣，把頭上的面網掀起來。

「我穿的是特殊服裝，所以很安全。不過呢，蜜蜂其實很溫柔。你不惹牠們，牠們也不會惹你，所以你們不用害怕。」

我把面網放下，指著一片高起的園圃。「你們看那裡種了些什麼？」

「草莓！向日葵！小黃瓜！」

「你們相不相信那都是蜜蜂的功勞？」

我用指尖輕擦過一朵草莓花，讓他們看黃黃的粉末。「這黃黃的東西是什麼？」

「是蜂蜜嗎？」有個小男生問。

「這是花粉，」我說：「從花朵上來的。蜜蜂會用腳去採花粉，採了很多花之後，花粉就會混在一起。」

「放在牠們的花粉籃裡！」辮子女孩用嘹亮的聲音說。他們顯然在課堂上學過蜜蜂生態。我很讚嘆。

「沒錯！」我說：「蜜蜂把不同花的花粉傳來傳去，就能讓花朵結出果實，像是草莓、小黃瓜或葵花籽。你們喜歡吃這些東西嗎？」

大家齊聲說**喜歡**，聲音響徹天際。這時候正適合說出我的重點。

「所以蜜蜂非常、非常特別的原因是……牠們為人類製造食物！」

「牠們製造蜂蜜！」穿海綿寶寶上衣的男孩提醒我。

「蜂后在哪裡？」有個女生問，雙手交叉，斜斜站著。「我想看蜂后。」

我不想打開蜂箱，害小朋友被蜜蜂螫傷，或是害蜂后被好奇的小朋友踩爛。現在似乎是用蜂巢轉移他們的注意力、讓他們用指頭蘸些蜂蜜嘗嘗的好時機。

小朋友用手去戳蜂蠟，蘸一點蜂蜜放進嘴裡，因為弄破東西、造成混亂而頑皮地咯咯笑。我察覺到有人在拉我的衣服，結果低頭就看見一個穿休閒短褲和亮藍色網球鞋的小男生激動地跳來跳去，好像想上廁所。他對我擠眉弄眼，像是要跟我串通什麼，但我不確定是什麼事。

我蹲下來跟他面對面。他**真的**有什麼事非得告訴我不可。可憐的孩子看起來好像快憋不住了。

「我外公養蜜蜂！」他大喊，跳上跳下，彷彿剛剛有人送給他一隻小狗。

那一刻，舊金山的一切遠去，只剩下我跟他，置身在只屬於我們兩個人的世界裡。我們四目交接，激動的心情在兩人之間流動著。

小男孩眼睛一亮，我看到了外公多年前勢必也在我眼中看過的天真無邪。我想要這孩子知道，世界很大，大到有無數的地方能夠找到愛。

我跪下來，外公想告訴我重要事情時也會這麼做。我把雙手放在他的肩膀上，小聲地對著他的耳朵說話，所以只有我們兩個聽得見。

「你是這個**廣闊世界**裡最幸運的孩子。」

作者的話

我很幸運能在蜜蜂相對健康的時空下成長；每次走進養蜂場，一定會在蜂巢裡發現旺盛的生命力。

然而，整體來說，這個世界變得愈來愈不利蜜蜂存活。外公在七〇年代曾說蜜蜂之後會全面減少，這個預言已經成真，新聞也充斥著地球因為失去蜜蜂、導致糧食嚴重短缺的末日報導。我希望這些只是誇大，但全球有三分之一以上的農產部分或全部仰賴蜜蜂授粉，這個問題絕對不容輕忽。

到底是什麼出了問題？

蜜蜂在地球上已經存活了五千萬年，直到二次大戰過後不久才逐漸減少，也就是農人不再使用苜蓿這類覆蓋作物來增加土壤中的氮氣，改用化學肥料之後不久。在美國，蜜蜂的數量急遽下降，從四百五十萬到今日不到三百萬。

然而，美國的商業養蜂場直到二〇〇六年才發現情況嚴重。經過了寒霜，他們打開蜂箱，以為會看到往常的景象：大多數蜂群都存活下來，約有百分之十五冷死或餓死，底板積了一堆殘骸。養蜂人萬萬沒想到，他們看到的卻是大規模的出走，外表看來堅固的蜂巢，有三成到九成的蜂群都消失無蹤。前一天還活力充沛的蜂巢，隔天就成了廢墟。一夕之間，工蜂捨棄滿溢著蜂蜜和新生命的蜂巢而去，拋下不知所措的蜂后，還有寥寥幾隻嗷嗷待哺、還不會吃東西也還沒開始學飛的幼蟲。

大量資金投入國家級實驗室，昆蟲學家急著想找出問題的原因。不斷有養蜂人回報一夕之間血本無歸的噩耗，相關單位因此緊急召開公聽會。後來，歐洲的養蜂人也表示他們的蜂巢在急遽凋零。在中國，蜜蜂消失的情況太過嚴重，有些地方的農人不得不改採人工授粉，雇用人力用小刷子把花粉塗在花朵上。

這場難以解釋的災難有了正式的名稱——蜂群崩壞症候群（Colony Collapse Disorder），但確切原因仍然不明。

科學家、養蜂人和環保人士陸續提出各種理論，把問題歸咎於殺蟲劑或殺菌劑、游牧式的養蜂方式、寄生在蜜蜂身上的蟹蟎、氣候變遷、棲息地消失、單一作物栽培，以及各種蜜蜂病原體。雖然有些研究提出了可望提高蜜蜂免疫力的方法，但究竟是什麼原因導致蜂群大規模衰竭，至今仍未有定論。

歐洲鎖定的癥結是類尼古丁農藥。這是一九九〇年代研發出的一種殺蟲劑，一般會在種植玉米和黃豆之前，噴在種子上面。這種農藥的化學結構類似尼古丁，會被生長中的植物吸收，對小昆蟲的神經系統造成影響。很多研究員因而認為，就是這種化合毒素破壞了蜜蜂的方向感，害牠們找不到回家的路。歐盟於是規定，禁止農夫在吸引蜜蜂的作物上噴灑類尼古丁兩年。美國也有一些州不再販售含類尼古丁的農藥。

這些努力的成果至今仍有爭議，有些人呼籲永久禁用，也有人認為這樣的嘗試搞錯方向，不得要領，甚至對蜜蜂危害更大，因為這麼一來，農夫不得不改種不會開花的作物，或是改用過去某些更毒的殺蟲劑。

在此同時，蜜蜂仍在奮力掙扎。雖然二〇〇六年蜜蜂大量消失之後，蜂巢存活的情況有些微的改善，但持續有養蜂人跟美國農業部回報他們每年損失將近三分之一的蜂巢。長期下來，這樣的速度即使對繁殖速度很快的物種來說，都很難存活。

如今，蜜蜂消失的報導也一樣離奇地減少了。愈來愈多養蜂人認為，讓蜂群大量減少的，不是某種神祕未知的疾病，而是蟹蟎。這種深紅色小蟲跟針頭差不多大小，附著在蜜蜂身上吸食幼蟲和成蜂的體液。蟹蟎會傳播病毒，損害蜜蜂走路和飛行的能力，破壞蜜蜂的免疫系統，造成翅膀起皺、無法使用等殘缺。

蟹蟎一九八七年就在美國出現，雖然有專門用來消滅牠們的各種有機物和化學方法，牠們還是持續進化，也產生了抗體。牠們可以短短幾天就席捲蜂群。只要有母蟹蟎侵入育嬰巢室，在幼蟲身上產卵，牠們就會快速繁殖。小蟹蟎會在幼蟲破巢而出時孵化，短時間內蔓延整個蜂巢。

蜜蜂為什麼會死亡，並沒有簡單清楚的答案。但可以確定的是，現代生活對蜜蜂來說是愈來愈緊張，也因此，養蜂社群將肆虐蜂群的傳染病改名為「多重高壓失調」(Multiple Stressor Disorder)。

我相信當外公預言蜜蜂會因為人為因素死亡時，其實是很語重心長的。我們在長滿野花的草地上鋪上柏油。我們把蜜蜂移出棲息地，還沒發育好，就硬是把牠們遷往他地。我們用單一作物取代種類多樣的小農場，然後在蔬果上噴灑農藥，逼迫蜜蜂為這些蔬果授粉。人口過剩、密集養殖，或長期乾旱導致花朵乾枯，這些都不是蜜蜂的錯。但就像礦坑裡的金絲雀，蜜蜂卻是第一個倒下的。人類造成的污染和破壞波及了蜜蜂，害牠們抵抗力變弱，抵擋不了蟹蟎和更新的疾病，例如影響腸胃的微粒子病，以及癱瘓前肢的緩性蜜蜂麻痺病毒。

這對蜜蜂來說是一種凌遲。但是我們要怎麼做？人類需要食物，因此作物不能少了授粉這個步驟。雖然鳥類、蝴蝶、蝙蝠、蛾和螞蟻也會授粉，但牠們不像蜜蜂效率那麼高，能為幾百萬英畝的農地授粉。農人需要蜜蜂，但矛盾的是，問題或許就在於我們太需要蜜蜂了。為了讓自己溫飽、讓田地豐收，我們把蜜蜂的生命榨乾。

然而，人類也可以發揮聰明才智，幫助蜜蜂回歸更自然的生活方式。幸運的是，蜜蜂的韌性驚人，只要保持健康就能快速繁殖。全球各地的昆蟲學家都在努力培育強健、抗蟎的蜜蜂。還有人實驗用蘑菇茶來提高蜜蜂的免疫力。民間科學家幫忙收集資料，記錄蜜蜂的數量。園丁改種有益授粉昆蟲的原生植物，重建地景。農夫則是改種有機作物，刺激無毒殺蟲劑的需求量。

大家逐漸形成一項共識：人人都應該盡一己之力，無論是在路邊種下會開花的植物，在自家後院開始養蜂，或在單一作物的旁邊種花，打破單調畫一的食物沙漠。

這也是蜂巢賴以為生的原則——假使你我都盡一點心力，就能集結成更大的力量。去嘗試——這是我起碼要為外公做的，也是我應該要為蜜蜂做的。

只要蜜蜂保持健壯，就可以繼續把牠們的古老智慧傳給下一代。如此一來，孩子就算陷入絕望，也會知道大自然就是避風港，自有方法保護他們遠離傷害。

我在養蜂場學到的人生課程，造就了今天的我。每個孩子都應該擁有同樣的成長機會。

致謝

第一個接納這本書的是ICM Partners的Heather Karpas，我永遠感激不盡。她的過人才華、溫暖，以及對這本書毫不動搖的信心是我往前的動力，即使這條路看上去漫長又崎嶇。Park Row Books的總編Erika Imranyi和整個團隊，對我個人和這本書的幫助都很大。這是我夢寐以求的合作經驗，是我從不覺得是工作的冒險。感謝Erika的妙筆，那是讓每一頁增色的祕密佐料。

我要為Curtis Brown Group UK的Helen Manders獻上更多掌聲，還有Maria Campbell以及她在Maria B. Campbell Associates的整個團隊。有他們的支持，這本書才能翻譯成各國文字。他們給予外公的，無異於永存不朽。

幫我讀初稿的David Lewis，還有從頭到尾引領我的「牧羊人」Ken Conner，請接受我的擁抱。這兩位良師益友都是我在《舊金山紀事報》的編輯，有他們持續在文字上和生活上為我指引方向，我很光榮，也因此更加謙虛。我也要感謝一路走來閱讀我的書稿、給我寶貴意見的朋友：Earl Swift、Shobha Rao、Sarah Pollock、Meredith White、Julian Guthrie、Lysley Tenorio、Joshua Mohr、Tom Molanphy、Mag Donaldson、Tee Minot、Lesley Guth、Maria Willett、Maria Finn，以及Maile Smith。

這本書一開始是我的碩士論文，所以要感謝我在古徹學院的非小說創意寫作教授，包括作家Tom French、Diana Hume George、Leslie Rubinkowski、Laura Wexler和Patsy Sims。感激美國大學婦女聯合會提供我豐厚的助學金，讓我可以到古徹學院讀碩士課程。也要感謝惠德比島赫奇布魯克作家會館的熱情款待，借我一間林中小屋完成手稿。

世界各地為我打開他們的蜂巢、家園和心房的養蜂人，更為這本書增光。感謝波士頓的Noah Wilson-Rich；舊金山的Aaron Yu、MaryEllen Kirkpatrick、Aerial Gilbert和Deb Wandell；大蘇爾的Peter和Ben Eichorn、Diana和Greg Vita，還有我在忘憂谷的家人：Meredith、Kirk和Will Gafill。

感謝家人對我的耐心、諒解和慷慨，我愛你們也謝謝你們。沒有弟弟馬修的支持，我不會有力量寫下這本書。從小到大數不清有多少次，他為了保護我挺身而出。謝謝你當我的知己、逗我笑，讓事情重回正軌。

感謝我父親大衛耐心回答我心裡的疑問，即使痛苦不堪。最重要的是，感謝你沒有忘記一九七五年許下的承諾。你永遠都是我的父親。
永遠感激我生命中最甜的蜂蜜：珍妮。我旁邊的巴士座位永遠保留給妳。

推薦書單

A Book of Bees, Sue Hubbell, 1988

ABC & XYZ of Bee Culture, A. I. Root, 1879

The Queen Must Die, William Longgood, 1985

The Honey Trail: In Pursuit of Liquid Gold and Vanishing Bees, Grace Pundyk, 2008

Letters from the Hive: An Intimate History of Bees, Honey, and Humankind, Stephen Buchmann and Banning Repplier, 2005

Honeybee Democracy, Thomas Seeley, 2010

The Life of the Bee, Maurice Maeterlinck, 1901

Langstroth's Hive and the Honey-Bee, L. L. Langstroth, 1853

The Bee: A Natural History, Noah Wilson-Rich, 2014

The Beekeeper's Lament, Hannah Nordhaus, 2011

The Beekeeper's Pupil, Sara George, 2002

New Observations on the Natural History of Bees, François Huber, 1806

Field Guide to the Common Bees of California, Gretchen LeBuhn, University of California Press, 2013

Fifty Years Among the Bees, Dr. C. C. Miller, 1915

Bee, Rose-Lynn Fisher, 2010

The History of Bees, Maja Lunde, 2015

The Bees, Laline Paull, 2014

The Keeper of the Bees, Gene Stratton-Porter, 1925

Bees, A Honeyed History, Piotr Socha and Wojciech Grajkowski, 2015

Big Sur: Images of America, Jeff Norman and the Big Sur Historical Society, 2004

The Post Ranch: Looking Back at a Community of Family, Friends and Neighbors, Soaring Starkey, 2004

My Nepenthe: Bohemian Tales of Food, Family, and Big Sur, Romney Steele, 2009

These Are My Flowers: Raising a Family on the Big Sur Coast, The Letters of Nancy Hopkins, Heidi Hopkins, 2007

Recipes for Living in Big Sur, Pat Addleman, Judith Goodman & Mary Harrington, 1981

A Short History of Big Sur, Ronald Bostwick, 1970

The Esselen Indians of Big Sur Country: The Land and the People, Gary S. Breschini, 2004

國家圖書館出版品預行編目資料

被蜜蜂拯救的女孩：失落、勇氣，以及外公家的蜂蜜巴士 / 梅若蒂・梅依（Meredith May）著；謝佩妏譯. -- 初版. -- 臺北市：大塊文化, 2019.08
360面；14.8×20公分. --（mark ; 148）
譯自：The honey bus : a memoir of loss, courage and a girl saved by bees
ISBN 978-986-213-990-5（平裝）

1. 梅依（May, Meredith） 2. 傳記 3. 養蜂

437.83 108010003

LOCUS